高等学校通识教育系列教材

大学计算机应用高级教程习题解答与实验指导（第3版）

陈尹立 陈国君 主编
潘章明 陈力 侯昉 陈灵
彭诗力 赵卫军 郭胜群　副主编

清华大学出版社
北京

内容简介

本书是由清华大学出版社出版，陈尹立等主编的《大学计算机应用高级教程》一书的配套教材，内容主要包括两个部分：第 1 部分是习题与解答，按照教学要求，精心设计了大量的习题并给出了详细解答；第 2 部分是实验与上机指导，根据教材中的知识点安排了 16 个实验，每个实验包括实验目的、实验任务及要求和实验步骤及操作指导三个部分。

本书附带的"多媒体互动虚拟组装计算机软件"和大量实例资源可以从 http://218.192.12.5/dxjsj2/default.aspx 中下载。

本书封面贴有清华大学出版社防伪标签，无标签者不得销售。
版权所有，侵权必究。举报：010-62782989，beiqinquan@tup.tsinghua.edu.cn。

图书在版编目(CIP)数据

大学计算机应用高级教程习题解答与实验指导/陈尹立，陈国君主编. --3 版. --北京：清华大学出版社，2015(2023.1重印)
高等学校通识教育系列教材
ISBN 978-7-302-39397-9

Ⅰ. ①大… Ⅱ. ①陈… ②陈… Ⅲ. ①电子计算机－高等学校－教学参考资料 Ⅳ. ①TP3
中国版本图书馆 CIP 数据核字(2015)第 028576 号

责任编辑：刘向威　薛　阳
封面设计：文　静
责任校对：李建庄
责任印制：刘海龙

出版发行：清华大学出版社
    网　　址：http://www.tup.com.cn，http://www.wqbook.com
    地　　址：北京清华大学学研大厦 A 座　　邮　　编：100084
    社 总 机：010-83470000　　邮　　购：010-62786544
    投稿与读者服务：010-62776969，c-service@tup.tsinghua.edu.cn
    质量反馈：010-62772015，zhiliang@tup.tsinghua.edu.cn
    课件下载：http://www.tup.com.cn，010-83470236
印 装 者：小森印刷霸州有限公司
经　　销：全国新华书店
开　　本：185mm×260mm　　印　张：15　　字　数：376 千字
版　　次：2009 年 1 月第 1 版　2015 年 3 月第 3 版　印　次：2023 年 1 月第 9 次印刷
印　　数：24001～26000
定　　价：49.00 元

产品编号：063383-02

前 言

本书是与《大学计算机应用高级教程》配套的习题集(包括解答)和实验指导书。习题集和解答是完全对应《大学计算机应用高级教程》的篇章编写的;而实验指导书也是基本上一章讲授内容配套给出一个实验(个别章节安排了两个实验)。

没有按部就班地练习和实验,是无法学好一门高级应用课程的。通过本书的习题和实验,学生能从感性上、实践上真正体会《大学计算机应用高级教程》的知识点,并能够投入实际应用,达到真正学会的目的。

各篇的实验指导书的特点综述如下。

第 1 篇计算机组装与维护配套的实验指导是本套教材的一大特色和创新点。大多财经类院校都因为苦于没有硬件实验室,更没有整机组装、维修实验条件,而无法开设计算机组装和维修课程。我们专门开发了准三维动画多媒体系统,以虚拟现实的方式,实现了计算机组装的实验教学任务。在屏幕上,学生可以清晰地观测、组装计算机的各个配件,各种维修、安装的细节也通过讲解,让学生有深刻的感性认识。

第 2 篇网页设计的实验指导,经过精心设计,安排了一个完整站点的设计全过程,通过 8 个实验,一步步引领学生给一个站点"添砖加瓦",最终让学生能够独立完成一个较为个性化的网站的设计工作。

第 3 篇 Excel 数据分析与处理则用很多财经管理的实际例子把抽象的统计概念演绎得形象清晰,让学生在数据实验分析中找到乐趣、规律和经验。

《大学计算机应用高级教程》各篇章序号与本书的实验序号对应关系如下。

第 1 篇 计算机组装与维护

第 1 章 计算机硬件组装与维护 ………… 实验 1 计算机硬件虚拟组装
第 2 章 计算机软件安装与维护 ………… 实验 2 软件安装

第 2 篇 网 页 设 计

第 3 章 网页设计基础 …………………… 实验 3 认识 Dreamweaver CS6 工作环境
                                          实验 4 Dreamweaver CS6 的基本操作
第 4 章 使用表格布局网页 ……………… 实验 5 表格的使用
第 5 章 创建多媒体网页 ………………… 实验 6 多媒体网页设计
第 6 章 创建网页链接 …………………… 实验 7 创建网页链接
第 7 章 使用框架和层布局网页 ………… 实验 8 使用框架和层布局网页
第 8 章 行为和表单 ……………………… 实验 9 设计表单网页

第 9 章　样式表和模板 ……………………　实验 10　样式表与模板

第 3 篇　Excel 数据分析与处理

第 10 章　投资与决策分析…………………　实验 11　存贷款计算

　　　　　　　　　　　　　　　　　　　　　实验 12　投资与决策分析

第 11 章　数据整理与描述性分析……………　实验 13　直方图和正态分布函数

第 12 章　相关分析与回归分析………………　实验 14　相关分析与回归分析

第 13 章　时间序列分析………………………　实验 15　时间序列分析

　　本书由陈尹立、陈国君主编，潘章明、陈力、陈灵、侯昉、彭诗力、赵卫军、周少龙副主编，李星原主审。

　　本书提供如下教学服务。

1. 提供电子教案

　　本套教材有配套的电子教案，以降低教师的备课强度，课件可以在我们的网站上免费下载使用。后期，我们拟将该门课程，按照精品课程来设计、制作相关的教学文件，并在网站上公开，以便同行参照使用。

2. 提供教学资源下载

　　本套教材提供了大量的习题、练习、实例、实验项目，涉及大量的素材、原始数据、详细解答、原始图片等，这些内容都可以从网站上免费下载使用。

3. 提供多媒体课件和教师培训

　　我们还准备了多媒体课件，免费提供给大批量使用本套教材的学校。同时，拟组织使用本套教材的教师进行培训、研讨。

　　关于本书的相关网络资源可以在 http://218.192.12.5/dxjsj2/default.aspx 中下载。网址如有变动，随时会在相应位置公布。

编　者

2015 年 1 月

目 录

第1部分 习题与解答

第1篇 习题 ··· 3
- 第1章 计算机硬件组装与维护 ··· 5
- 第2章 计算机软件安装与维护 ··· 9
- 第3章 网页设计基础 ··· 14
- 第4章 使用表格布局网页 ··· 20
- 第5章 创建多媒体网页 ··· 24
- 第6章 创建网页链接 ··· 27
- 第7章 使用框架和层布局网页 ··· 30
- 第8章 行为和表单 ··· 35
- 第9章 样式表和模板 ··· 40
- 第10章 投资与决策分析 ··· 45
- 第11章 数据整理与描述性分析 ··· 50
- 第12章 相关分析与回归分析 ··· 57
- 第13章 时间序列分析 ··· 62

第2篇 习题解答 ··· 67
- 第1章 计算机硬件组装与维护 ··· 69
- 第2章 计算机软件安装与维护 ··· 73
- 第3章 网页设计基础 ··· 75
- 第4章 使用表格布局网页 ··· 78
- 第5章 创建多媒体网页 ··· 79
- 第6章 创建网页链接 ··· 81
- 第7章 使用框架和层布局网页 ··· 82
- 第8章 行为和表单 ··· 83
- 第9章 样式表和模板 ··· 84
- 第10章 投资与决策分析 ··· 86
- 第11章 数据整理与描述性分析 ··· 88
- 第12章 相关分析与回归分析 ··· 92

第13章 时间序列分析 …………………………………………………………… 94

第 2 部分 实验与上机指导

第 1 篇　计算机组装与维护 …………………………………………………………… 99
    实验 1　计算机硬件虚拟组装 ………………………………………………… 101
    实验 2　软件安装 ……………………………………………………………… 113

第 2 篇　网页设计 ……………………………………………………………………… 129
    实验 3　认识 Dreamweaver CS6 工作环境 …………………………………… 131
    实验 4　Dreamweaver CS6 的基本操作 ……………………………………… 140
    实验 4（补充）　Web 服务器的配置 ………………………………………… 147
    实验 5　表格的使用 …………………………………………………………… 156
    实验 6　多媒体网页设计 ……………………………………………………… 161
    实验 7　创建网页链接 ………………………………………………………… 166
    实验 8　使用框架和层布局网页 ……………………………………………… 171
    实验 9　设计表单网页 ………………………………………………………… 179
    实验 10　样式表与模板 ………………………………………………………… 184

第 3 篇　Excel 数据分析与处理 ……………………………………………………… 197
    实验 11　存贷款计算 …………………………………………………………… 199
    实验 12　投资与决策分析 ……………………………………………………… 204
    实验 13　直方图和正态分布函数 ……………………………………………… 212
    实验 14　相关分析与回归分析 ………………………………………………… 219
    实验 15　时间序列分析 ………………………………………………………… 225

第 1 部分

习题与解答

第1篇 习 题

正 문 보 기

第1章 计算机硬件组装与维护

一、单选题

1. 对于随机存储器的描述,不正确的是(　　)。
   A. 可以随机读取信息　　　　　　　　B. 掉电后信息丢失
   C. 永久性存放基本输入输出系统(BIOS)　　D. 是一种存储器,用于存储数据
2. 存储器的存储容量通常用字节来表示,1GB 的含义是(　　)。
   A. 1024MB　　　B. 1000B　　　C. 1024KB　　　D. 1000KB
3. 微型计算机中运算器所在的位置是(　　)。
   A. 内存　　　　B. CPU　　　　C. 硬盘　　　　D. 光盘
4. 一台微型计算机在正常运行时显示器突然"黑屏",主机电源灯灭,电源风扇停转,试判断故障部位(　　)。
   A. 主机电源　　B. 显示器　　　C. 硬盘驱动器　　D. 显示卡
5. 计算机在工作的时候会把程序使用频率非常高的数据和指令放在(　　)里。
   A. 高速缓存　　B. U盘　　　　C. 硬盘　　　　D. 光驱
6. 在使用小键盘时,通过按(　　)键,可以在光标和数字功能之间切换。
   A. Num Lock　　B. Tab　　　　C. Caps Lock　　D. Shift
7. CPU 是计算机的核心部件,它是由(　　)组成的。
   A. 控制器和运算器　　　　　　　　B. 逻辑运算单元
   C. 逻辑运算单元和存储器　　　　　D. 闪存
8. 执行应用程序时,和 CPU 直接交换信息的部件是(　　)。
   A. 软盘　　　　B. 硬盘　　　　C. 内存　　　　D. 光盘
9. I/O 设备的含义是(　　)。
   A. 通信设备　　B. 网络设备　　C. 后备设备　　D. 输入输出设备
10. 下列设备中既属于输入设备又属于输出设备的是(　　)。
    A. 硬盘　　　　B. 显示器　　　C. 打印机　　　D. 键盘
11. 传统机械硬盘工作时应特别注意避免(　　)。
    A. 噪声　　　　B. 空气质量　　C. 震动　　　　D. 光线亮度
12. 完整的计算机系统同时包括(　　)。
    A. 硬件和软件　　B. 主机　　　C. 输入输出设备　　D. 内存与外存
13. ROM 的意思是(　　)。
    A. 软盘驱动器　　B. 随机存储器　　C. 硬盘驱动器　　D. 只读存储器

14. 目前,在微型计算机系统中( )的存储容量最大。
  A. 内存   B. 软盘   C. 硬盘   D. 单片光盘
15. 微型计算机的发展是以( )的发展为表征的。
  A. 软件   B. 主机   C. 微处理器   D. 硬盘

二、填空题

1. CPU 是主机的核心部件,是计算机的数据处理中心,它像人的大脑一样发出和接收各种控制指令并进行运算,包括_____、_____和高速缓存等部件。
2. 显示器可以分为_____和_____,对应的英文缩写为_____和_____。
3. 显示器的性能一般从_____、_____、_____、_____几个方面来描述。
4. 常见显示器的品牌有_____、_____、_____和_____等。
5. U 盘,全称是_____,是一种采用 USB 接口的微型高容量移动存储产品。通过_____与计算机连接,实现即插即用。
6. 打印机是一种常见的输出设备。按照工作原理可将打印机分为三种:_____、_____和_____。
7. 安装 CPU 时,将 CPU 的两个缺口对准插座上两个凸起的位置,持平并轻轻放在主板 CPU 脚座上。放入 CPU 的方向要参看 CPU 脚座上的金色三角标记,要对准_____。
8. 安装 CPU 时,如果散热片底部没有涂导热材料,则需要在 CPU 正面均匀地涂上一层薄薄的硅胶,其目的是_____。
9. 在安装配置内存时,尽量使用相同规格和容量的内存条,如果是两条内存条,则应插入_____颜色的内存插槽中,打开双通道以提高系统性能。
10. 计算机是由_____系统和_____系统组成的,前者包括_____、_____,后者包括_____和_____。
11. 主机箱内一般有_____、_____、_____、_____、_____等设备。
12. SATA 硬盘的数据传输方式与 IDE 硬盘不同,采用_____,能够高速地传输数据。
13. 总线就是_____。
14. 打印机的主要技术参数是_____、_____和_____。
15. 主流主板品牌有_____、_____、_____、_____和_____。
16. CPU 的中文名为_____。
17. CPU 的主要生产厂商有_____、_____。
18. 双核 CPU 是指_____。
19. ROM 中文名为_____,RAM 中文名为_____。
20. 内存的选购原则为_____。
21. 按硬盘与微型计算机之间的数据接口类型可分为_____、_____等。
22. 一块硬盘的性能一般可以从_____、_____、_____等几个方面来描述。
23. 硬盘常见的品牌有_____、_____、_____等。
24. 安装 CPU、内存、显卡、硬盘、主板时的注意事项是_____
_____。
25. POWER ON/OFF、SPEAKER、RESET、HDD-LED、Power LED 对应的意思分别

为_____、_____、_____、_____、_____。

26. 冯·诺依曼结构计算机主要由_____、_____、_____、_____和_____5部分组成。

27. 系统总线是CPU与其他部件之间传送数据、地址和控制信息的公共通道。根据传送内容的不同,可分为_____、_____和_____。

28. _____是构成计算机系统的物质基础,而_____是计算机系统的灵魂,二者相辅相成,缺一不可。

29. 选购主板时应考虑的主要性能是_____、_____、_____等。

30. 显示器的主要技术参数有_____、_____、_____、_____等。

三、判断题

1. 硬盘就是内存。( )
2. 操作系统是软件。( )
3. RAM中的程序一般在制造时由厂家写入,用户不能更改。( )
4. 人们一般所说的内存是指ROM。( )
5. 计算机从硬件角度可分为控制器、运算器、存储器、输入设备和输出设备5部分。( )
6. 计算机开机时,应先开外部设备,后开主机。( )
7. 目前机械硬盘的转速主要有5400r/min或7200r/min。( )
8. 质量好的主板、显卡等电路板能让人有一种晶莹、润泽、色彩鲜艳的感觉。( )
9. 计算机硬件都不需要防磁、防潮、防强光照射。( )
10. 播放音乐时可以没有声卡,但是必须有音箱。( )

四、简答题

1. 常用的输入设备和输出设备有哪些?
2. 解释下列名词。
(1) BIOS
(2) IDE
(3) USB
(4) CPU
(5) VGA
(6) MODEM
(7) 硬件系统
(8) 软件系统
(9) 像素点距
(10) 分辨率
(11) 刷新频率
(12) 多媒体技术
(13) 即插即用
3. 简述机械硬盘(HDD)和固态硬盘(SSD)的优缺点。
4. 简述计算机主板(Main Board)的基本组成部分。

5. 简述计算机的存储系统。
6. 简述维修计算机的一般思路。
7. 引起计算机系统不稳定的因素有哪些？试写出至少 4 条。
8. 描述打开计算机 POWER 键到进入操作系统的整个过程。
9. 描述对软件系统维护的常用操作。
10. 简述计算机系统组成。
11. 简述选购显示器时应考虑的因素。

第 2 章 计算机软件安装与维护

一、单选题

1. 下列系统软件中,属于操作系统的软件是(　　)。
   A. WPS 2005　　　B. Word 2010　　　C. Windows 7　　　D. Office 2010
2. 假设计算机的硬盘上安装了 Windows XP 和 Windows 7,为了使两个系统都能够访问整个硬盘空间,应该采用(　　)分区格式。
   A. FAT 32　　　B. Ext 4　　　C. Linux ext 3　　　D. NTFS 5.0
3. 在开机启动时,如果想要进入 BIOS 设置,应按(　　)键。
   A. Ctrl　　　B. Shift　　　C. 空格　　　D. Del
4. 目前安装软件一般是执行安装盘上的(　　)。
   A. SETUP 可执行文件　　　　　　B. BACKUP 文件
   C. 任意一个扩展名为 EXE 的文件　　D. 任意一个扩展名为 BAT 的文件
5. 计算机病毒是(　　)的程序,它会阻碍计算机的正常工作,或者使用户的资料丢失。
   A. 计算机产生　　　B. 人为编写　　　C. 生物病毒型　　　D. 系统型
6. Windows 7 导出的注册表文件的扩展名是(　　)。
   A. SYS　　　B. REG　　　C. TXT　　　D. BAT
7. 为了打开注册表编辑器,要在运行栏里边输入(　　)。
   A. msconfig　　　B. winipcfg　　　C. regedit　　　D. cmd
8. 计算机中所有信息都是用(　　)来表示。
   A. 八进制代码　　　B. 二进制代码　　　C. ASCII 码　　　D. BCD 码
9. 在微型计算机中,1MB 等于(　　)。
   A. 1024×1024 个字　　　　　　B. 1024×1024 个字节
   C. 1000×1000 个字节　　　　　D. 1000×1000 个字
10. Word 等字处理软件属于(　　)。
    A. 管理软件　　　B. 网络软件　　　C. 应用软件　　　D. 系统软件
11. 语言处理程序包括汇编程序、编译程序和(　　)。
    A. C 程序　　　B. BASIC 程序　　　C. PASCAL 程序　　　D. 解释程序
12. 操作系统是一种(　　)。
    A. 使计算机便于操作的硬件
    B. 计算机的操作规范
    C. 管理各类计算机系统资源,为用户提供友好界面的一组管理程序
    D. 便于操作的计算机设备

13. 下列不属于微型计算机操作系统的是（　　）。
    A. Vista　　　　B. Windows 7　　　C. Access　　　　D. Linux
14. 微型计算机上操作系统的作用是（　　）。
    A. 解释执行源程序　　　　　　　　B. 编译源程序
    C. 进行编码转换　　　　　　　　　D. 控制和管理系统资源
15. 下列软件中，（　　）是系统软件。
    A. 自编的一个 C 程序，功能是求解一个一元二次方程
    B. Windows 操作系统
    C. 学籍管理系统
    D. Microsoft Office 2010
16. 计算机软件系统包括（　　）。
    A. 系统软件和应用软件　　　　　　B. 编辑软件和应用软件
    C. 数据库软件和工具软件　　　　　D. 程序和数据
17. 下列软件处于软件系统的最内层的是（　　）。
    A. 语言处理系统　　B. 用户程序　　C. 服务型程序　　D. 操作系统
18. 下面列出的 4 项中，不属于计算机病毒特征的是（　　）。
    A. 潜伏性　　　　B. 激发性　　　　C. 传播性　　　　D. 免疫性
19. 计算机病毒是可以造成计算机故障的（　　）。
    A. 一种微生物　　　　　　　　　　B. 一种特殊的程序
    C. 一块特殊芯片　　　　　　　　　D. 一个程序逻辑错误
20. 计算机每次启动时被运行的计算机病毒称为（　　）病毒。
    A. 恶性病毒　　　B. 良性病毒　　　C. 引导型病毒　　D. 文件型病毒
21. 关于防病毒软件，下列说法正确的是（　　）。
    A. 是有时间性的，不能消除所有病毒　　B. 也称防病毒卡，不能消除所有病毒
    C. 在有限时间内，可以消除所有病毒　　D. 三种说法都不对
22. Windows 7 中，错误的是（　　）。
    A. 只有一个活动窗口
    B. 可以有多个后台任务
    C. 如果不将后台任务变为前台任务，则它不可能完成
    D. 可以将前台任务变为后台任务
23. 当新的硬件安装到计算机上后，计算机启动即能自动检测到，为了在 Windows 上安装该硬件，只需（　　）。
    A. 根据计算机的提示一步一步进行
    B. 回到 DOS 下安装硬件
    C. 无须安装驱动程序即可使用，为即插即用
    D. 以上都不对
24. Windows 默认的启动方式是（　　）。
    A. 安全方式　　　　　　　　　　　B. 通常方式
    C. 具有网络支持的安全方式　　　　D. MSDOS 方式

25. 关于 Windows 的说法,正确的是( )。
    A. Windows 是迄今为止使用最广泛的应用软件
    B. 使用 Windows 时,必须要有 MSDOS 的支持
    C. Windows 是一种图形用户界面操作系统,是系统操作平台
    D. 以上说法都不正确
26. 在 Windows 7 中,"资源管理"窗口左部显示的内容是( )。
    A. 所有未打开的文件夹   B. 系统的树状文件夹结构
    C. 打开的文件夹下的子文件夹及文件   D. 所有已打开的文件夹
27. 在资源管理器右窗格中,如果需要选定多个非连续排列的文件,应按组合键( )。
    A. Ctrl+单击要选定的文件对象   B. Alt+单击要选定的文件对象
    C. Shift+单击要选定的文件对象   D. Ctrl+双击要选定的文件对象
28. 在 Windows 中,欲选定当前文件夹中的全部文件和文件夹对象,可使用的键是( )。
    A. Ctrl+V   B. Ctrl+A   C. Ctrl+X   D. Ctrl+D
29. 控制面板是( )。
    A. 硬盘系统区的一个文件   B. 硬盘上的一个文件夹
    C. 内存中的一个存储区域   D. 一组系统管理程序
30. Windows 桌面指的是( )。
    A. 办公桌面   B. 文档窗口
    C. 活动窗口   D. 启动后的全屏幕
31. 桌面上的图标可以用来表示( )。
    A. 最小化的窗口   B. 关闭的窗口
    C. 文件、文件夹或快捷方式   D. 无意义
32. Windows 中"磁盘碎片整理程序"的主要作用是( )。
    A. 修复损坏的磁盘   B. 缩小磁盘空间
    C. 提高文件访问速度   D. 扩大磁盘空间

二、多选题

1. 下列( )是系统软件。
    A. Windows 7   B. Vista   C. Linux   D. Office
2. 计算机感染病毒后,以下有关传染的说法中,正确的是( )。
    A. 可以利用系统环境进行自我复制,使自身数量增加
    B. 只要不传染到其他计算机,数量不会增加
    C. 会传染给正在磁盘驱动中读写的软盘
    D. 通过网络传染到正在上网的机器
3. 关于计算机系统,下列说法正确的是( )。
    A. 计算机系统由硬件系统和软件系统组成
    B. 硬件系统包括主机和网络
    C. 软件系统包括系统软件和应用软件
    D. 软件系统为层次结构,内层支持外层,外层向内层提供服务

4. 关于软件系统的知识,下列说法正确的是(   )。
   A. 软件系统由系统软件和应用软件组成
   B. 系统软件是买来的软件,应用软件是为解决应用问题而由用户编写的程序
   C. 软件系统呈层次结构,处在外层的软件必须在内层软件的支持下才能运行
   D. 没有软件的计算机硬件系统只能做简单的工作
5. 关于软件系统,下面说法正确的是(   )。
   A. 系统软件的功能之一是支持应用软件的开发和运行
   B. 操作系统由一系列功能模块所组成,专门用来控制和管理全部硬件资源
   C. 如不安装操作系统,仅安装应用软件,则计算机只能做一些简单的工作
   D. 应用软件处于软件系统的最外层,直接面向用户,为用户服务
6. 关于软件系统,下面说法正确的是(   )。
   A. 系统软件是指控制和协调计算机及外部设备,支持应用软件开发和运行的系统
   B. 高级语言是一种独立于机器的语言
   C. 任何程序都可被视为计算机的系统软件
   D. 编译程序只能一次读取、翻译并执行源程序中的一行语句
7. 关于计算机病毒,下面说法正确的是(   )。
   A. 一台计算机能用光盘启动,但不能用 U 盘启动,则计算机一定感染了病毒
   B. 有些计算机病毒并不破坏程序和数据,而是占用磁盘存储空间
   C. 计算机病毒不会损坏硬件
   D. 可执行文件的长度变长,则该文件有可能被病毒感染
8. 关于文件系统,下面说法正确的是(   )。
   A. 文件是一组相关信息的集合
   B. 文件系统是全部文件的集合
   C. 目录结构是操作系统管理文件的一种方式,通常采用树状目录结构
   D. 树状目录结构在根目录下面可有若干父目录,再下面则是子目录
9. 操作系统(   )。
   A. 是一种大型程序   B. 是计算机硬件的第一级扩充
   C. 具有一系列功能模块   D. 一般固化在 ROM 中
10. 关于操作系统的概念和功能,正确的是(   )。
    A. 目前微型计算机中大多安装的 DOS 操作系统是单用户操作系统
    B. COM 的功能是接收、解释并执行用户输入的命令
    C. 操作系统是控制和管理硬件资源的大型程序
    D. 操作系统是硬件的第一级扩充,是软件系统中最基础的部分

三、判断题

1. 防止计算机病毒的措施之一是用户重视知识产权,不要使用盗版软件。   (   )
2. 应用软件是在系统软件支持下工作的。   (   )
3. 程序就是软件。   (   )
4. Windows 7 的任务栏只能位于桌面的底部。   (   )
5. 防火墙一种位于内部网络与外部网络之间的网络安全系统。   (   )

6. 通常防火墙中使用的技术有过滤和代理两种。（　　）

7. 网络操作系统是利用局域网低层所提供的数据传输功能，为高层网络用户提供局域网共享资源管理服务和其他网络服务功能的局域网系统软件。（　　）

8. 在 Windows 的"资源管理器"窗口中，为了使具有系统和隐藏属性的文件或文件夹不显示出来，首先应进行的操作是选择查看"工具"菜单中的"组织"→"文件夹和搜索选项"。（　　）

9. 1KB 的存储空间中能存储 512 个汉字内码。（　　）

10. 计算机病毒通过网络传染的主要途径是电子邮件（Email）附件和下载受感染的程序。（　　）

11. 当发现病毒时，它们往往已经对计算机系统造成了不同程度的破坏，即使清除了病毒，受到破坏的内容有时也是不可恢复的。因此，对计算机病毒必须以预防为主。（　　）

12. 一个非常优秀的杀毒软件可以预防所有病毒。（　　）

四、简答题

1. 什么是系统软件和应用软件？
2. 简述软件的安装要领。
3. 除 Windows 7 以外通过课外的学习，在 Windows 8，Windows 10 中选一款，简述其和 Windows 7 操作或系统管理方面的不同之处。
4. 安装 Windows 7 操作系统之前应做哪些准备？
5. 硬盘的分区有哪些类型？
6. 硬件驱动程序的安装方式主要有哪些？
7. 软件安装的基本步骤是什么？

第 3 章　网页设计基础

一、单选题

1. 下列关于 HTML 的说法,不正确的是(　　)。
   A. HTML 是 Hyper Text Markup Language(超文本标记语言)的缩写
   B. Web 文档是由各种标签及其文本内容组成的
   C. 在记事本中不可以直接输入 HTML 来编辑网页
   D. Dreamweaver CS6 与 HTML 是分不开的
2. 在 HTML 编写的网页文档中,标识网页文档开始和结束的标签是(　　)。
   A. <HTML> … </HTML>　　　　　B. <HEAD> … </HEAD>
   C. <BODY> … </BODY>　　　　　D. <P> … </P>
3. 关于标签属性,下列说法正确的是(　　)。
   A. 单独标签不需要设置标签属性
   B. 成对标签的属性只能在开始标签中设置
   C. 成对标签的属性只能在结束标签中设置
   D. 成对标签的属性既可以在开始标签中设置,也可以在结束标签中设置
4. 下列关于标签的说法不正确的是(　　)。
   A. 标签不区分大小写
   B. 标签只能用半角的英文字符
   C. 开始标签和结束标签可以写在一行,也可以写在不同的行
   D. 单独标签可以写到不同的行中
5. 关于 HTML 文档的基本结构,下列格式正确的是(　　)。
   A. <head><html>…</html><body>…</body></head>
   B. <body><html>…</html><head>…</head></body>
   C. <html><body>…</body><head>…</head></html>
   D. <html><head>…</head><body>…</body></html>
6. 以下 HTML 语法表达方式错误的是(　　)。
   A. <标签名>对象</标签名>
   B. <标签名>
   C. <标签名:属性>对象</标签名>
   D. <标签名 属性1=参数1 属性2=参数2…>对象</标签名>
7. 下列标签中,用于在网页中插入一条水平线的标签是(　　)。
   A. <cr>　　　　　B. <pr>　　　　　C. <hr>　　　　　D.

8. 下列标签中,用于分段的标签是( )。
   A.
…</br>   B. <title>…</title>
   C. <p>…</p>   D. <center>…</center>

9. 在网页设计过程中,可以用来做代码编辑器的是( )。
   A. 记事本程序(Notepad)   B. Photoshop CS6
   C. Flash CS6   D. 以上都不可以

10. 隐藏所有组合面板的快捷键是( )。
    A. F3   B. F4   C. F6   D. F7

11. 关于 Dreamweaver CS6 工作区的描述,正确的是( )。
    A. "属性"面板只能关闭,不能隐藏
    B. "标准"工具栏不能浮动显示
    C. 用户可以根据自己的喜好定制工作区
    D. 不能改变工作区的显示比例

12. 在 Dreamweaver CS6 中设置页面属性时,关于"跟踪图像"的说法错误的是( )。
    A. 网页排版的一种辅助手段
    B. 用于网页元素的定位
    C. 只在网页预览时有效
    D. 对 HTML 文档的预览并不产生任何影响

13. 在 Dreamweaver CS6 的"页面属性"对话框中,不能设置下列( )项。
    A. 背景图像及其透明度   B. 背景颜色、文本颜色、链接颜色
    C. 文档编码   D. 跟踪图像及其透明度

14. 下面关于添加次要预览浏览器的说法,错误的是( )。
    A. 定义次要预览浏览器前,要先在系统中安装要定义的浏览器
    B. 定义次要预览浏览器时,要浏览选择次要预览浏览器的程序文件
    C. 可以添加第三预览浏览器
    D. 当第一预览浏览器不能使用时,系统会自动选择次要预览浏览器

15. 在 Dreamweaver CS6 中,下面关于新建站点的说法错误的是( )。
    A. 需要指定一个站点名称
    B. 远程站点可以先不设置
    C. 可以设置本地站点的保存路径
    D. 可以设置站点目录中的文件类型

16. 在 Dreamweaver CS6 中,关于换行的说法错误的是( )。
    A. 换行是指在一行没有输满的情况下另起一行
    B. 依次单击"插入"→HTML→"特殊字符"→"换行符"命令,可插入一换行符
    C. 按 Shift+Enter 键,可以输入一个换行符
    D. 按 Ctrl+Enter 键,可以输入一个换行符

17. 在 Dreamweaver CS6 中,"撤销"操作的快捷键是( )。
    A. Ctrl+X   B. Ctrl+V   C. Ctrl+Z   D. Ctrl+C

18. 在 Dreamweaver CS6 中,"重做"操作的快捷键是(　　)。
    A. Ctrl+X　　　　B. Ctrl+V　　　　C. Ctrl+Y　　　　D. Ctrl+C

19. 在 Dreamweaver CS6 中,快速打开"历史"面板的组合键是(　　)。
    A. Shift+F8　　　B. Shift+F10　　　C. Alt+F8　　　　D. Alt+F10

20. 在 Dreamweaver CS6 中,下面(　　)不是"历史"面板的作用。
    A. 撤销一步或几步　　　　　　　　　B. 重做一步或几步
    C. 编制一个自动批处理的新命令　　　D. 清除重复多余的代码

21. 在制作网站时,属于 Dreamweaver CS6 功能的选项是(　　)。
    A. 各种素材的搜集整理　　　　　　　B. 图像和动画的制作
    C. 把所有有用的素材组合成网页　　　D. 音频和视频信息的处理

22. 在 Dreamweaver CS6 中,下面关于使用列表的说法,错误的是(　　)。
    A. 列表是指把具有相似特征或者具有先后顺序的几行文字进行对齐排列
    B. 列表分为有序列表和无序列表两种
    C. 所谓有序列表,是指有明显的轻重或者先后顺序的项目
    D. 不可以创建嵌套列表

23. 下面关于设计网站结构的说法,错误的是(　　)。
    A. 按照模块功能的不同分别创建网页,将相关的网页放在一个文件夹中
    B. 必要时应建立子文件夹
    C. 尽量将图像和动画文件集中放在一个大类文件夹中
    D. 本地站点和远程站点最好不要使用相同的目录结构

24. 文档标题可以在下列(　　)中修改。
    A. "首选参数"对话框　　　　　　　　B. "页面属性"对话框
    C. "管理站点"对话框　　　　　　　　D. "文件"面板

25. 在站点发布时,以下说法错误的是(　　)。
    A. 在发布站点之前,最好先进行页面功能的检查
    B. 在发布站点之前,必须先检查站点中被中断的链接,外部链接则无须考虑
    C. 在发布站点之前,最好先在尽可能多的不同操作平台和浏览器中预览页面
    D. 在发布站点之前,还需要考虑页面大小和所需的下载时间

26. 在 Dreamweaver CS6 中,打开"首选参数设置"对话框的快捷键是(　　)。
    A. Ctrl+U　　　　B. Alt+U　　　　　C. Alt+V　　　　D. Ctrl+Space

27. 在 Dreamweaver CS6 的"属性"面板中,无法直接修改的"水平线"属性是(　　)。
    A. 宽、高　　　　B. 颜色　　　　　　C. 阴影　　　　　D. 对齐方式

28. 在 Dreamweaver CS6 中,不能在"文件"面板中完成的操作是(　　)。
    A. 新建文件或文件夹　　　　　　　　B. 移动或复制文件
    C. 编辑站点地图　　　　　　　　　　D. 删除文件

29. 下列说法错误的是(　　)。
    A. 通常情况下,Dreamweaver CS6 会给页面设置一个默认的标题
    B. 每个页面必须拥有一个标题
    C. 网页标题可以是中文、英文或其他符号,并且显示在浏览器的标题栏

  D. 当网页被加入收藏夹时,网页标题作为网页的名字出现在收藏夹中

30. 在 Dreamweaver CS6 中,如果要将光标移动到网页文档的末尾,可按下( )键。

  A. Home   B. End

  C. Ctrl+Home   D. Ctrl+End

二、多选题

1. 下列关于网页图像处理软件 Fireworks 和动画制作软件 Flash 的说法,正确的是( )。

  A. Flash 软件侧重于动画制作

  B. Fireworks 软件侧重于动画制作

  C. Flash 软件侧重于图形图像处理

  D. Fireworks 软件侧重于图形图像处理

2. 对于两个成对标签:<标签名1>…</标签名1>和<标签名2>…</标签名2>。下列嵌套格式正确的是( )。

  A. <标签名1>…<标签名2>…</标签名2>…</标签名1>

  B. <标签名1>…<标签名2>…</标签名1>…</标签名2>

  C. <标签名2>…<标签名1>…</标签名1>…</标签名2>

  D. <标签名2>…<标签名1>…</标签名2>…</标签名1>

3. 网站制作并测试完成后,在站点上传前首先应该在 Internet 上申请一个空间存放 Web 站点。目前,申请站点空间的方法主要有( )。

  A. 申请专线空间   B. 服务器托管   C. 虚拟主机   D. 免费空间

4. 下列选项中,出现在"资源"面板中的有( )。

  A. 图像   B. 颜色   C. 链接   D. Flash

5. 创建站点时,应该遵循的原则包括( )。

  A. 建立树状文件夹保存文件

  B. 合理地为文件取名

  C. 合理储存网页文档中的各项资源

  D. 所有插入的对象建议都要保存在站点树状文件夹内

6. 在 Dreamweaver CS6 的工作区中,有( )形式可以选择。

  A. 设计器   B. 编码器   C. 拆分   D. 实时视图

7. 在 Dreamweaver CS6 的"设计视图"中,要连续输入多个空格,应该( )。

  A. 在编辑窗口连续输入多个半角空格

  B. 在编辑窗口连续输入多个全角空格

  C. 连续按 Shift+Ctrl+Space 键

  D. 连续单击"插入"→HTML→"特殊字符"→"不换行空格"命令

8. 在 Dreamweaver CS6 中,将文本添加到网页文档中的方法有( )。

  A. 直接在文档窗口输入文本

  B. 从现有的文本文档中复制文本并粘贴到文档编辑窗口中

  C. 直接在 Dreamweaver CS6 中打开文本文件

  D. 导入 Microsoft Word 文档中的文本

9. Dreamweaver CS6 提供的辅助设计手段包括（　　）。
   A. 标尺　　　　　B. 辅助线　　　　　C. 网格　　　　　D. 跟踪图像
10. 站点上传可以通过下列（　　）完成。
    A. Dreamweaver CS6 的站点面板　　　B. FTP
    C. Flash CS6　　　　　　　　　　　　D. Fireworks CS6
11. 在 Dreamweaver CS6 中，以下说法正确的是（　　）。
    A. Dreamweaver CS6 跟踪图像的透明度是可以调节的
    B. 跟踪图像将导致网页的背景图像不再平铺显示
    C. 在浏览器窗口中，跟踪图像将不会显示，取而代之的是网页的背景图像
    D. 在设置跟踪图像之后，在 Dreamweaver CS6 的文档编辑窗口，背景图像将被覆盖
12. 在 Dreamweaver CS6 中，设置页面属性时，在"页面属性"对话框中的"外观（CSS）"选项中可以设置的属性有（　　）。
    A. 文本的颜色　　　　　　　　　　　B. 链接的颜色
    C. 已访问过的链接颜色　　　　　　　D. 页边距
13. Dreamweaver CS6 标尺的单位可以是（　　）。
    A. 厘米　　　　　B. 英寸　　　　　C. 毫米　　　　　D. 像素
14. 在 Dreamweaver CS6 中，可以对文本设置的对齐方式有（　　）。
    A. 两端对齐　　　B. 居中　　　　　C. 左对齐　　　　D. 右对齐

三、填空题

1. 网页文档需要用浏览器进行浏览，当前常见的浏览器有_____、_____和_____等。
2. 申请 Web 站点空间的常见方法有_____、_____、_____和_____。
3. 在连接 FTP 主机上传 Web 站点前，至少需要先获得的信息有三项，分别是_____、_____和_____。
4. 在 Dreamweaver CS6 中，可以按下快捷键_____，在浏览器中快速预览网页文档。
5. 网页文档背景图像的重复方式有_____、_____、_____和_____4 种。
6. 在网页文档中，网页元素的单位可分为_____和_____。
7. Dreamweaver CS6 提供了_____和_____两种列表项格式。
8. Dreamweaver CS6 提供了网页编辑的 4 种视图方式，它们分别是_____、_____、_____和_____。

四、判断题

1. Web 服务器是指安装了 Web 服务软件的计算机，它使用 HTTP 和 FTP 等协议响应来自 TCP/IP 网络中 Web 浏览器的请求。（　　）
2. 在同一行或段落中，不能混合使用不同的标题级别。（　　）
3. 在 Dreamweaver CS6 中，只能对 HTML 文件进行编辑。（　　）
4. 超文本使网页之间具有跳转的能力，是一种信息组织的方式，使浏览者可以选择阅读的路径，从而不需要按顺序阅读。（　　）
5. HTML 的全称是 Hyper Text Markup Language。（　　）

6. 在Dreamweaver CS6的"代码视图"中,可以看到HTML文件是标准的ASCII文件,它包含许多被称为标签的普通文本文件。（　　）

7. 在Dreamweaver CS6中,可以导入外部的数据文件,也可以将网页中表格数据导出到纯文本的数据文件中。（　　）

8. 黑色的颜色属性用十六进制数表示是"♯FFFFFF"。（　　）

9. 使用FTP方式上传站点,首先应获得登录FTP服务器的用户名和密码。（　　）

10. Dreamweaver CS6的"文件"面板不仅显示了组成站点的文件,还提供了本地磁盘上所有文件的视图,很像Windows资源管理器。（　　）

11. Dreamweaver CS6既是一个网页的创建和编辑工具,又是一个站点的创建和管理工具。（　　）

12. 网页文件头内容(即在标签<head>…</head>内)可以在浏览器的正文中显示。（　　）

13. 网页文档的标题将与网页文件名一起出现在浏览器的标题栏中。（　　）

14. FTP是指超文本传输协议。（　　）

15. 在Dreamweaver CS6中可以通过菜单命令插入一条竖线。（　　）

五、简答题

1. 什么是网页？网页和浏览器的关系是什么？
2. 简述浏览器和Web服务器进行网页文档通信的基本步骤。
3. HTML文档的基本结构由哪些标签组成？试编写一个简单的HTML文档。
4. 什么是本地站点？什么是远程站点？
5. 什么是Web站点？简述站点建设的一般步骤。
6. 请说明网页背景图像和跟踪图像的区别。
7. 请在老师的指导下安装Dreamweaver CS6软件。
8. 以本书配套资源"《大学计算机应用高级教程》教学资源\第2篇网页设计\第3章网页设计基础\3.7"文件夹的内容为基础,建立一个本地站点。站点根目录为D:\MyJob。
9. 登录一个网站,描述网站的主题、风格、结构和链接。
10. 作为当代的大学生,你认为在个人求职时应该向用人单位展示哪些信息？

第 4 章　使用表格布局网页

一、单选题

1. 单元格中内容到边框之间的距离是指(　　)。
   A. 单元格高度　　　　　　　　　　B. 单元格宽度
   C. 单元格边距　　　　　　　　　　D. 单元格间距
2. 两个单元格边框之间的距离是指(　　)。
   A. 单元格高度　　　　　　　　　　B. 单元格宽度
   C. 单元格边距　　　　　　　　　　D. 单元格间距
3. 在 Dreamweaver CS6 中,下面的操作不能在表格中插入一行的是(　　)。
   A. 将光标放在单元格中,依次单击"修改"→"表格"→"插入行"命令
   B. 在某行的一个单元格中单击鼠标右键,在快捷菜单中,依次单击"表格"→"插入行"命令
   C. 将光标放在最后一行的最后一个单元格中,按 Tab 键
   D. 把光标放在最后一行的最后一个单元格中,按 Ctrl+W 键
4. 在 Dreamweaver CS6 中,下面关于表格属性设置,说法错误的是(　　)。
   A. 可以设置宽度
   B. 可以设置高度
   C. 可以设置表格的背景颜色
   D. 可以设置单元格之间的距离,但不能设置单元格中的内容和单元格边框之间的距离
5. 在 Dreamweaver CS6 中,下面关于拆分单元格说法错误的是(　　)。
   A. 将光标定位在要拆分的单元格中,在"属性"面板中单击 ɪɪ 按钮
   B. 将光标定位在要拆分的单元格中,在"拆分单元格"对话框中选择"行"单选按钮,表示水平拆分单元格
   C. 将光标定位在要拆分的单元格中,在"拆分单元格"对话框中选择"列"单选按钮,表示垂直拆分单元格
   D. 拆分单元格操作一次只能是把一个单元格拆分成两个单元格
6. 在表格中,使用命令可以一次插入多少行(多少列)?(　　)
   A. 只能是一行(一列)　　　　　　　B. 只能是两行(两列)
   C. 只能是三行(三列)　　　　　　　D. 可以是任意多行(任意多列)

7. 在表格中各列没有专门设置列宽值的情况下,当增加表格宽度时,下列(   )是正确的。
  A. 表格中所有列都会随之增加   B. 只有表格中第一列会随之增加
  C. 只有表格中最后一列会随之增加   D. 只有表格的中间部分列会随之增加

8. 新建一个 5×3 的表格,并将第二列的列宽设为 50。当增加该表格宽度时,下列(   )是正确的。
  A. 表格中所有列都会随之增加
  B. 只有表格的最后一列会增加
  C. 除第二列列宽不变外,其他列宽都会随之增加
  D. 除第二列列宽随之增加外,其他列宽都不变

9. 通过边框线调整表格的列宽时,如果用鼠标向右拖动表格第二列的右边框线,则(   )。
  A. 第二列列宽增加,第三列列宽增加,表格宽度增加
  B. 第二列列宽增加,第三列列宽不变,表格宽度增加
  C. 第二列列宽增加,第三列列宽减少,表格宽度不变
  D. 第二列列宽增加,第三列列宽减少,表格宽度增加

10. 通过边框线调整表格的行高时,如果用鼠标向下拖动表格第二行的下边框线,则(   )。
  A. 第二行行高增加,第三行行高增加,表格高度增加
  B. 第二行行高增加,第三行行高不变,表格高度增加
  C. 第二行行高增加,第三行行高减少,表格高度不变
  D. 第二行行高增加,第三行行高减少,表格高度增加

11. 下列关于表格的操作,说法不正确的是(   )。
  A. 选中表格中的一行,按 Del 键,将删除表格的整行
  B. 选中表格中的一列,按 Del 键,将删除表格的整列
  C. 选中表格中的一个单元格区域,按 Del 键,将删除区域所在的行和列
  D. 选中表格中的一个单元格区域,按 Del 键,只删除区域中的数据

12. 在表格中选择一个单元格区域,然后按 Ctrl+X 键,则(   )。
  A. 选中的单元格区域被删除,下部单元格上移
  B. 选中的单元格区域被删除,右边单元格左移
  C. 选中的单元格区域所在的行和列都被删除
  D. 选中的单元格区域中的数据被清除

13. 关于表格的背景颜色设置,下列说法不正确的是(   )。
  A. 可以给整个表格设置背景颜色   B. 可以给表格的行设置背景颜色
  C. 可以给表格的列设置背景颜色   D. 不能给某一个单元格设置背景颜色

14. 关于表格的背景图像,下列说法正确的是(   )。
  A. 只能给整个表格设置背景图像   B. 只能给表格的行设置背景图像
  C. 只能给表格的列设置背景图像   D. 以上说法都不对

15. 关于背景颜色和背景图像，下列说法正确的是（　　）。
    A. 同时设置了表格的背景颜色和背景图像，则只能看到背景颜色
    B. 同时设置了表格的背景颜色和背景图像，则只能看到背景图像
    C. 同时设置了表格的背景颜色和背景图像，则两者都无效
    D. 以上说法都不对

二、多选题

1. 在表格单元格中可以插入的对象有（　　）。
    A. 文本 　　　　　　　　　　　　B. 图像
    C. Flash 动画 　　　　　　　　　D. ActiveX 控件

2. 在 Dreamweaver CS6 中，表格宽或高值的单位有（　　）。
    A. 厘米 　　　　B. 毫米 　　　　C. 像素 　　　　D. 百分比

3. 表格标题的对齐方式有（　　）。
    A. 默认 　　　　B. 顶部 　　　　C. 底部 　　　　D. 左

4. 下列操作中，能够选择整个表格的选项包括（　　）。
    A. 将光标移动到表格的左上角、上边框或下边框之外的附近区域，当光标变成▦形状时单击鼠标
    B. 将光标移动到表格的边框上，当光标变成⇕或⇔形状时单击鼠标
    C. 单击表格中的任意位置，连续两次按 Ctrl+A 键
    D. 按下 Ctrl 键，然后单击表格中的某个单元格

5. 下列操作中，能够选择表格中某一行的选项包括（　　）。
    A. 单击要选中的表格行中任意一个单元格，然后在文档窗口状态栏的左边，单击该表格行的<tr>标签
    B. 将鼠标移到要选中的表格行的左边框附近，当鼠标指针变成➡形状时单击鼠标
    C. 按下 Shift 键，然后单击表格中的某个单元格
    D. 按下 Shift+Ctrl 键，然后单击表格中的某个单元格

6. 下列操作中，能够选择表格中某一单元格的选项包括（　　）。
    A. 按住 Ctrl 键，单击某个单元格
    B. 将光标放到想要选择的单元格内，然后单击文档窗口状态栏左边的<td>标签
    C. 在要选中的单元格中，连续单击鼠标三次（即三击鼠标左键）
    D. 光标放到想要选择的单元格内，然后按 Ctrl+A 键

7. 进行表格中单元格的拆分时，（　　）。
    A. 可以将一个单元格一次拆分成多行多列的单元格区域
    B. 可以将一个单元格一次拆分成多行的单元格区域
    C. 可以将一个单元格一次拆分成多列的单元格区域
    D. 一次拆分成多少行或多少列，可以由用户指定

8. 下列关于将剪贴板中的数据粘贴到表格中的操作，正确的是（　　）。
    A. 选择一组与剪贴板上的单元格相同布局的单元格，然后按 Ctrl+V 键
    B. 选择表格中的一个单元格，然后按 Ctrl+V 键
    C. 选择表格中的任意单元格区域，然后按 Ctrl+V 键

D. 若要创建一个新的表格存放剪贴板中的数据,需要将光标放置在表格之外,然后按 Ctrl+V 键

三、简答题
1. 简述表格及表格嵌套技术在网页制作中的作用。
2. 表格及单元格大小的单位有哪些?各有什么特点?
3. 从网络中下载一个网页(如 http://www.baidu.com),用 Dreamweaver CS6 打开它,说明网页中表格之间的关系和作用。
4. 请使用表格为一家具公司网站首页设计一个合理的布局。

第 5 章　创建多媒体网页

一、单选题
1. 关于图像格式,下列说法不正确的是(　　)。
   A. JPEG 图像的色彩逼真,是无损压缩　　B. GIF 图像的质量较差,是有损压缩
   C. GIF 具有透明显示的功能　　　　　　D. PNG 兼有 JPEG 和 GIF 两者的优点
2. GIF 图像中像素的颜色数最多为(　　)。
   A. 8　　　　　　　B. 16　　　　　　　C. 256　　　　　　D. 65 536
3. JPEG 图像文件的扩展名是(　　)。
   A. gif　　　　　　B. jpg　　　　　　C. bmp　　　　　　D. png
4. 下列关于多媒体网页浏览,说法不正确的是(　　)。
   A. 网页中的背景音乐文件将随网页一起下载到本地计算机中
   B. 网页中的图像文件将随网页一起下载到本地计算机中
   C. 网页中的动画文件将随网页一起下载到本地计算机中
   D. 由于视频文件太大,在网页中播放的视频将不会随网页一起下载
5. 关于图像的替换文本,下列说法不正确的是(　　)。
   A. 当用鼠标指向浏览器中的图像时,将在鼠标光标附近显示该图像的替换文本
   B. 当用鼠标指向浏览器中的图像时,将在浏览器状态栏显示该图像的替换文本
   C. 当网页中的某图像不能在浏览器中浏览时,将在图像位置显示该图像的替换文本
   D. 对于不支持图像的浏览器,将在图像位置显示该图像的替换文本
6. 关于图像占位符,下列说法正确的是(　　)。
   A. 插入图像占位符与插入图像的操作一样,只是少了选择图像文件的环节
   B. 图像占位符在浏览器中不可见
   C. 图像占位符的颜色在设计时不可调
   D. 图像占位符的大小在设计时可以按需要调整
7. 下列(　　)是"图像占位符"的属性。
   A. 名称　　　　　B. Z 轴　　　　　　C. 位置　　　　　　D. 可见性
8. 关于鼠标经过图像,下列说法不正确的是(　　)。
   A. 鼠标经过图像是一种可以在浏览中查看并使用鼠标指针移过它时发生变化的图像
   B. 鼠标经过图像由主图像和次图像组成
   C. 默认情况下显示次图像,当用鼠标指向图像时显示主图像

D. 如果设置了"预载鼠标经过图像"选项,将会提高图像变化的速度

9. 如果要使图像按比例缩放,需要按( )键,并拖动图像右下方的控制点。

　　A. Ctrl　　　　　B. Shift　　　　　C. Alt　　　　　D. Shift+Alt

10. 在 Dreamweaver CS6 中,如果将 200×300 像素大小的图像插入到 30×400 的表格中,则此时表格的显示大小为( )。

　　A. 30×300　　　B. 200×400　　　C. 200×300　　　D. 30×400

11. 如果表格中某个单元格原来的宽度为 91 像素,在插入一幅宽为 121 像素的图片之后,单元格的宽度是( )。

　　A. 91　　　　　B. 121　　　　　C. 30　　　　　D. 212

12. 在 Dreamweaver CS6 中,下列对象中可以添加热点的是( )。

　　A. 文字　　　　B. 动画　　　　C. 图像　　　　D. 任何对象

13. 以下说法错误的是( )。

　　A. 使用 Dreamweaver CS6 可以快速在网页中添加文本、图像、声音和动画等内容
　　B. Dreamweaver CS6 的"资源"面板允许用户组织站点内的所有资源
　　C. 绝大多数资源都可以直接从"资源"面板拖动到 Dreamweaver CS6 的文档编辑窗口
　　D. 在 Dreamweaver CS6 中可以直接切割和优化图像等,并且不需要 Fireworks 的参与

14. Flash 影片的扩展名是( )。

　　A. gif　　　　　B. fls　　　　　C. wmf　　　　　D. swf

15. 在 Dreamweaver CS6 中,关于插入到页面中的 Flash 动画说法错误的是( )。

　　A. 具有 .fla 扩展名的 Flash 文件尚未在 Flash 中发布,不能导入到 Dreamweaver CS6 中
　　B. 在 Dreamweaver CS6 的编辑状态下可以预览动画
　　C. 在属性检查器中可为影片设置播放参数
　　D. Flash 文件只有在浏览器中才能播放

16. 在网页中加入背景音乐可以通过( )标签实现。

　　A. <bgsound>　　B. <bgmusic>　　C. <sound>　　D. <music>

二、多选题

1. 多媒体网页主要是指网页中包括( )。

　　A. 图像　　　　B. 动画　　　　C. 音频　　　　D. 视频
　　E. 文本

2. 下列( )以文件的形式独立保存,并在浏览时随网页文件一起下载。

　　A. 文件信息　　B. 表格信息　　C. 动画信息　　D. 背景音乐
　　E. 背景图像

3. GIF 图像的优点有( )。

　　A. 它支持动画格式　　　　　　　B. 支持透明背景
　　C. 无损方式压缩　　　　　　　　D. 支持 24 位真彩色

4. JPEG 图像格式的特点包括(　　)。
   A. 支持真彩色
   B. 支持透明度
   C. 支持动画
   D. 可以根据肉眼所能接受的程度自由调节压缩质量
5. GIF 格式的图像适合表达(　　)。
   A. 文本　　　　B. 艺术线条　　　C. 照片　　　　D. 图标
6. 图像上的热点区域的形状包括(　　)。
   A. 矩形　　　　B. 圆形　　　　C. 椭圆形　　　D. 任意多边形
7. 以下插入图像方法正确的是(　　)。
   A. 从"资源"面板的"图像"类别中选择所需图像文件,并移动到文档编辑窗口
   B. 按 Ctrl＋Alt＋M 键
   C. 在"常用"插入面板中单击"图像"按钮
   D. 依次单击"插入"→"图像"命令
8. 可以直接在 Dreamweaver CS6 中对图像进行的编辑操作包括(　　)。
   A. 锐化　　　　B. 亮度和对比度　　C. 裁切　　　　D. 优化
9. 在 Dreamweaver CS6 中可以插入的 Flash 元素有(　　)。
   A. Flash 按钮　　B. Flv 视频　　　C. Flash 影片　　D. FlashPaper
10. 在网页中使用音乐的形式主要有(　　)。
    A. 背景音乐　　　　　　　　　　B. 链接音乐
    C. 使用 ActiveX 控件播放音乐　　D. 嵌入式音乐

三、填空题

1. 网页中图像的常见格式有＿＿＿＿、＿＿＿＿和＿＿＿＿。
2. 鼠标经过图像由＿＿＿＿和＿＿＿＿两幅图像组成。
3. 在 Dreamweaver CS6 中,图像的热点区域形状包括＿＿＿＿、＿＿＿＿和＿＿＿＿。
4. 在 Dreamweaver CS6 中,可以插入的 Flash 元素有＿＿＿＿和＿＿＿＿。

四、简答题

1. 简述网页图像的基本类型有哪些?各有什么特点?
2. 在什么情况下会用到图像占位符?
3. 图像的基本编辑操作有哪些?
4. 请为自己所在的班级设计一个多媒体主页,要求主页中有 Logo 图片、Banner 动画、水平导航等信息。

第 6 章　创建网页链接

一、单选题

1. 创建锚点（Anchor）链接之后，其"属性"面板中的"链接"文本框中必会包含（　　）符号。
   A. @　　　　　　　B. &　　　　　　　C. #　　　　　　　D. *
2. 创建超链接时，在"属性"面板的"目标"下拉列表中的"_top"表示（　　）。
   A. 在自身窗口中打开链接文件
   B. 在父框架中打开链接文件
   C. 在当前窗口打开链接文件，并且删除所有框架
   D. 在新窗口中打开链接文件
3. 创建超链接时，在"属性"面板的"目标"下拉列表中的"_blank"表示（　　）。
   A. 在自身窗口中打开链接文件
   B. 在父框架中打开链接文件
   C. 在当前窗口打开链接文件，并且删除所有框架
   D. 在新窗口中打开链接文件
4. 创建超链接时，在"属性"面板的"目标"下拉列表中的"_self"表示（　　）。
   A. 在自身窗口中打开链接文件
   B. 在父框架中打开链接文件
   C. 在当前窗口打开链接文件，并且删除所有框架
   D. 在新窗口中打开链接文件
5. 创建超链接时，在"属性"面板的"目标"下拉列表中的"_parent"表示（　　）。
   A. 在自身窗口中打开链接文件
   B. 在父框架中打开链接文件
   C. 在当前窗口打开链接文件，并且删除所有框架
   D. 在新窗口中打开链接文件
6. 在创建图像超链接时，可以在"替换"文本框中输入文字，下面不是这些文字作用的选项是（　　）。
   A. 当浏览器不支持图像时，使用文字替换图像
   B. 当鼠标移到图像并停留一段时间后，这些文字将显示出来
   C. 在浏览者关闭图像显示功能时，使用文字替换图像
   D. 每过段时间图像上都会定时显示这些文字

7. 下面关于绝对地址与相对地址的说法错误的是(　　)。
   A. 在网页文档中插入图像,其实只是写入一个图像链接的地址,而不是真的把图像插入到文档中
   B. 使用相对地址时,图像的链接起点是此网页文档所在的文件夹
   C. 使用根相对地址时,图像的位置是相对于 Web 站点的根目录
   D. 绝对地址的路径长度通常比较短
8. 如果要实现从网页中某个位置跳转到另外一个位置的链接,应该使用(　　)。
   A. 按钮对象　　　　B. 锚点超链接　　　　C. 文件超链接　　　　D. 邮件超链接
9. 如果要为一段文字添加一个电子邮件链接,可以执行的操作是(　　)。
   A. 选中文字,在"属性"面板的"链接"栏内直接输入"mailto：电子邮件地址"
   B. 选中文字,在"属性"面板的"链接"栏内直接输入"email：电子邮件地址"
   C. 选中文字,在"属性"面板的"链接"栏内直接输入"tomail：电子邮件地址"
   D. 无法为文字添加电子邮件链接
10. 关于绝对路径的使用,以下说法错误的是(　　)。
    A. 绝对路径是指包括 Web 服务器地址在内的完全路径,通常以"http：//"开头
    B. 绝对路径不管源文件在什么位置都可以非常精确地定位
    C. 如果希望链接其他站点上的内容,必须使用绝对路径
    D. 使用绝对路径的链接不能链接本站点的文件,要链接本站点文件只能使用相对路径
11. 下列关于热区的使用,说法不正确的是(　　)。
    A. 使用矩形热区工具、椭圆形热区工具和多边形热区工具,可以分别创建不同形状的热区
    B. 热区一旦创建,便无法修改其形状,必须删除后重新创建
    C. 选中热区后,可在"属性"面板中为其设置链接
    D. 使用热区工具可以为一张图片设置多个链接
12. 创建空链接使用的符号是(　　)。
    A. @　　　　　　B. #　　　　　　C. &　　　　　　D. *

二、多选题

1. 在设置超级链接时,可选择或编写(　　)类型的路径。
   A. 绝对路径　　　　B. 相对路径　　　　C. 根相对路径　　　　D. 动态路径
2. 在 Dreamweaver CS6 中,可以作为链接的目标对象有(　　)。
   A. 网页　　　　　B. 程序　　　　　C. 压缩文件　　　　D. 图像
   E. Flash 动画
3. 在 Dreamweaver CS6 中,下面(　　)能作为超链接的源端点。
   A. 文本　　　　　B. 图像　　　　　C. 图像的一部分　　　D. Flash 影片
4. 下面(　　)文件类型,浏览器将提示下载到本地硬盘上或立即用其他程序打开。
   A. ZIP　　　　　B. DOC　　　　　C. GIF　　　　　　D. HTML

三、填空题

1. 根据目的端点的不同,可以将超链接分为_____、_____和_____。

2. 在站点中,文件的路径可以分为_____、_____和_____。

3. 设置超链接颜色时,通常要为超链接的每个状态设置一种颜色,这些状态分别为_____、_____、_____和_____。

四、判断题

1. 在 Dreamweaver CS6 中,可以用网页文档中的任何文字或图像制作网页超链接、E-mail 超链接和下载文件的超链接等。 ( )

2. 可以通过将"属性"面板中的"指向文件"图标拖动到文档编辑窗口中的某一命名锚记来创建该命名锚记的链接。 ( )

3. 相对路径是提供链接目标端点所需的完整 URL 地址。 ( )

4. 超链接是一种标签,形象地说就是单击网页中的这个标签能够加载另一个网页,这个标签可以制作在文本上,也可以制作在图像上。 ( )

5. 在 Dreamweaver CS6 中,设置的链接路径可以是相对路径也可以是绝对路径。 ( )

6. 在 Dreamweaver CS6 中,设置文本类型链接时,源端点的文字颜色默认为蓝色。 ( )

7. URL 的中文名称是"统一资源定位符"。 ( )

8. 建立锚点链接时必须在锚点名前加"#"。 ( )

五、简答题

1. 什么是绝对路径?什么是相对路径?什么是根相对路径?

2. 超链接源端点的类型有哪些?目标端点的类型有哪些?

3. 简述创建锚点超链接的基本步骤。

4. 仿照教材第 6 章中的图 6-12,为某家银行建立一个合理、全面的导航结构。

第 7 章　使用框架和层布局网页

一、单选题

1. 在 Dreamweaver CS6 中预设有（　　）种常用框架。
   A. 7　　　　　　　　B. 9　　　　　　　　C. 11　　　　　　　　D. 13
2. 下面关于使用框架的弊端和作用的说法，错误的是（　　）。
   A. 增强网页的导航功能
   B. 大部分浏览器都不支持框架
   C. 整个浏览空间变小，让人感觉缩手缩脚
   D. 容易在每个框架中产生滚动条，给浏览造成不便
3. 在 Dreamweaver CS6 中，设置框架属性时，"滚动"选项的作用是（　　）。
   A. 是否进行颜色设置　　　　　　　　B. 是否出现滚动条
   C. 是否设置边框宽度　　　　　　　　D. 是否使用默认边框宽度
4. 下面关于框架的构成及设置的说法，错误的是（　　）。
   A. 一个具有框架的网页实际上是由一个 HTML 文档构成
   B. 在每个框架中，都显示了一个独立的网页
   C. 当在一个页面插入框架时，原来的页面就自动成了主框架的内容
   D. 一般主框架用来放置网页内容，而其他小框架用来进行导航
5. 下面关于框架的说法，错误的是（　　）。
   A. 新建一个 HTML 文档，直接插入系统预设的框架就可以建立框架
   B. 依次单击"文件"→"保存框架"命令，将保存光标所在位置的框架网页
   C. 不能创建 13 种以外的其他框架的结构类型
   D. 依次单击"文件"→"保存全部"命令，将保存所有的框架网页
6. 下面关于删除框架的说法，正确的是（　　）。
   A. 不可以用"撤销"命令来删除框架
   B. 用鼠标拖动框架间的边框到文档编辑窗口的外面，可以删除一个框架
   C. 选中其中一个框架通过 Ctrl+D 键可以删除框架
   D. 选中其中一个框架通过 Ctrl+Q 键可以删除框架
7. 下面关于分割框架的说法，错误的是（　　）。
   A. 依次单击"修改"→"框架页"→"拆分上框架"命令，把页面分为上下相等的两个框架
   B. 可以用鼠标拖曳的方法分割框架
   C. 可以将自己做好的框架保存，以便以后使用

D. 系统会给分割的新框架自动命名

8. 在 Dreamweaver CS6 中,出于美观考虑,如果使框架网页看起来像一个普通的网页,需要设置(　　)。

　　A. 将所有框架的边框宽度设为 0

　　B. 把导航框架中的元素设置成相对位置

　　C. 滚动条尽量只出现在非主框架

　　D. 将所有框架的边框宽度设为-1

9. 在 Dreamweaver CS6 中,设置分框架属性时,无论内容如何都不出现滚动条的设置是(　　)。

　　A. 设置框架属性时,在"属性"面板中选择"滚动"下拉列表中的"默认"选项

　　B. 设置框架属性时,在"属性"面板中选择"滚动"下拉列表中的"是"选项

　　C. 设置框架属性时,在"属性"面板中选择"滚动"下拉列表中的"否"选项

　　D. 设置框架属性时,在"属性"面板中选择"滚动"下拉列表中的"自动"选项

10. 在 Dreamweaver CS6 中,设置框架属性时,在"属性"面板中选择"滚动"下拉列表中的"自动"选项,表示(　　)。

　　A. 在内容可以完全显示时不出现滚动条,在内容不能被完全显示时自动出现滚动条

　　B. 无论内容多少都不出现滚动条

　　C. 无论内容多少都出现滚动条

　　D. 由浏览器自行处理

11. 在 Dreamweaver CS6 中,给框架加入 HTML 文档说法错误的是(　　)。

　　A. 组织 HTML 是建立框架的目的

　　B. 在框架建立完成后,需要向每个框架填入正确的 HTML 文档

　　C. 在给框架命名时,如果出现重命名,系统将会自动调整重复的名称

　　D. 在"属性"面板中,单击"源文件"文本框右侧的"浏览"按钮,可以选择需要加入框架的 HTML 文档

12. 在 Dreamweaver CS6 中,设置超链接的属性时,"目标"设置为"_blank"时表示(　　)。

　　A. 会在当前框架的父框架中打开链接

　　B. 会新开一个浏览器窗口打开链接内容

　　C. 在当前框架打开链接,这也是默认方式

　　D. 会在当前浏览器的最外层打开链接

13. 在 Dreamweaver CS6 中,设置超链接的属性时,"目标"设置为"_top"表示(　　)。

　　A. 在当前浏览器的最外层打开链接　　B. 在当前框架打开链接

　　C. 在当前框架的父框架中打开链接　　D. 新开一个浏览器窗口来打开链接

14. 在 Dreamweaver CS6 中,要在当前框架打开链接,"目标"应该设置为(　　)。

　　A. _blank　　　　B. _parent　　　　C. _self　　　　D. _top

15. 若要使访问者无法在浏览器中通过拖动边框来调整框架大小,则应在框架的"属性"面板中设置(　　)。

　　A. 将"滚动"设为"否"　　　　　　B. 将"边框"设为"否"

C. 选中"不能调整大小"复选框　　　　D. 设置"边界宽度"和"边界高度"
16. 一个有三个框架的 Web 页实际上有(　　)独立的 HTML 文件。
　　A. 2个　　　　B. 3个　　　　C. 4个　　　　D. 5个
17. 在 Dreamweaver CS6 中,保持层处于被选状态,用键盘进行微调,可以对 AP Div 做 10 个像素为单位的大小改变,其操作正确的是(　　)。
　　A. 按 Shift+Ctrl 键加 4 个方向键之一　　B. 按 Ctrl 键加 4 个方向键之一
　　C. 按 Shift 键加 4 个方向键之一　　　　D. 直接使用 4 个方向键之一
18. 显示/隐藏 AP Div 的属性是(　　)。
　　A. visible　　B. visibility　　C. invisible　　D. invisibility
19. 要使层的可见性继承父层的可见性,应在"属性"面板的"可见性"下拉列表中选择(　　)。
　　A. default　　B. inherit　　C. visibility　　D. hidden
20. 如果要确定当 AP Div 中的内容超出了其大小时的处理方式,需设置层的(　　)属性。
　　A. 标签　　　　B. 剪辑　　　　C. 溢出　　　　D. 显示
21. 依次单击"插入"→"布局对象"→AP Div 命令,可以在网页中插入一个 AP Div。关于插入的 AP Div,下面说法不正确的是(　　)。
　　A. 插入的 AP Div 是一个固定大小的 AP Div。执行多次命令,插入的是多个大小一致的 AP Div
　　B. 这个 AP Div 的大小是 Dreamweaver CS6 设定的默认 AP Div 大小,用户无法自定义
　　C. 这个 AP Div 的大小是 Dreamweaver CS6 设定的默认 AP Div 大小,但用户可以自定义这个值
　　D. 插入的 AP Div 默认大小是 200×115 像素
22. 关于使用 AP Div 和表格排版,下面说法正确的是(　　)。
　　A. 使用 AP Div 排版具有更多的自由与更好的兼容性
　　B. 使用表格排版自由性稍差,但兼容性非常好
　　C. 使用 AP Div 排版后的网页可以将其转换为表格排版,但使用表格排版的网页不能转换为 AP Div 排版
　　D. 使用 AP Div 或表格排版的页面不能相互转换
23. 在 Dreamweaver CS6 中,关于拖动 AP Div 的说法,错误的是(　　)。
　　A. 访问者可以在一定范围内任意拖动 AP Div
　　B. 当拖动和释放鼠标时,可以改变 AP Div 的叠放顺序
　　C. 在拖动 AP Div 时,可以伸缩 AP Div 的长和宽
　　D. 可以为多个 AP Div 创建拖动动作
24. 在 Dreamweaver CS6 中,下面关于 AP Div 的说法,错误的是(　　)。
　　A. AP Div 可以被准确地定位于网页的任何地方
　　B. 可以规定 AP Div 的大小
　　C. AP Div 与 AP Div 可以有重叠,但是不可以改变重叠的次序

D. 可以动态设定AP Div的可见性

25. 下面关于AP Div的优缺点,说法错误的是(　　)。

A. 不同浏览器对层的解释存在差异,经常会发生层的位置偏移情况

B. 旧的浏览器和一些非主流浏览器可能不支持AP Div

C. 使用AP Div可以制作很多出乎意料的效果

D. 遗憾的是不能在浏览器中实现AP Div的移动

26. 单击"布局"插入面板中的绘制AP Div按钮,连续在文档编辑窗口中绘制AP Div,需要按(　　)键。

A. Alt　　　　B. Shift　　　　C. Ctrl　　　　D. Ctrl+Alt

27. 当鼠标移动到文字链接上时显示一个隐藏层,这个动作的触发事件应该是(　　)。

A. onClick　　B. onDblClick　　C. onMouseOver　　D. onMouseOut

二、多选题

1. 在HTML中,用于创建框架的标签为(　　)。

A. <frameset>　　B. <layset>　　C. <Frame>　　D. <lay>

2. 下面实例中可以通过AP Div的应用来实现的是(　　)。

A. 创建网页上的动画　　　　B. 制作各种动态导航效果

C. 生成丰富的动态按钮　　　D. 交互游戏

3. 以下说法正确的是(　　)。

A. 要删除框架,可按住Alt键,然后任意拖动框架边框离开页面

B. 新创建的框架,可以进行修改

C. 用户可以插入预先定义的框架集

D. 用户可以在Dreamweaver CS6中直接拆分创建框架

4. 在Dreamweaver CS6中,下面关于AP Div的命名原则,说法正确的是(　　)。

A. 可以使用非英文字母的字符开头　　B. 不要使用空格

C. 不可以使用特殊字符　　　　　　　D. 以上说法都不对

5. "拖动AP Div元素"动作的基本功能就是使层可以被拖动,在"拖动AP Div元素"对话框中可以进行的设置有(　　)。

A. 可以限制AP Div内的某个区域响应拖动

B. 可以限制AP Div拖动的范围

C. 可以使被拖动的AP Div在距目标位置指定距离时,自动吸附到目标位置

D. AP Div被放置到指定位置后则不可再拖动

6. 以下选项中,可以放置到AP Div中的有(　　)。

A. 文本　　　　B. 图像　　　　C. 插件　　　　D. AP Div

7. 在Dreamweaver CS6中可以使用(　　)工具进行网页布局。

A. 表格　　　　B. 表单　　　　C. 框架　　　　D. AP Div

8. 关于AP Div和表格的关系,以下说法正确的是(　　)。

A. 表格和AP Div可以互相转换

B. 表格可以转换成层

C. 只有不与其他AP Div交叠的层才可以转换成表格

D. 表格和 AP Div 不能互相转换

三、判断题

1. 创建框架后,原来页面中的内容将会被放置在主框架中。   (   )
2. 对框架的属性设置不会覆盖框架集文档中的属性设置。   (   )
3. 框架集可以看作是一个可以容纳和组织多个 HTML 文档的容器。   (   )
4. 子层可以浮动于父层之外的任何位置,子层的大小也可以大于父层。   (   )
5. 位于某 AP Div 上面的 AP Div 一定是子层。   (   )
6. 在 Dreamweaver CS6 中,除了预设的框架类型外,还可以用重复插入或分割的方法创建各种形式的框架。   (   )
7. 在 Dreamweaver CS6 中,框架中的属性设置级别高于框架文档中的属性设置级别。
                                                                        (   )
8. 在 Dreamweaver CS6 中,"不能调整大小"选项设定是否让浏览者改动框架的大小,选中该选项时浏览者将可以随意拖动框架边界来改变框架的大小。   (   )
9. 在 Dreamweaver CS6 中,AP Div 可以嵌套 AP Div,子层会继承父层的特征,如可见性、位置移动等。   (   )
10. AP Div 的内容超过指定的大小,Dreamweaver CS6 会自动删除这些内容。   (   )

四、简答题

1. 什么是框架?什么是框架集?
2. 框架集在制作框架网页时有什么作用?
3. 简述表格、框架和 AP Div 在网页布局方面各有什么特点。
4. 简述 AP Div 有哪些基本操作。

第8章　行为和表单

一、单选题

1. Dreamweaver CS6 打开"行为"面板的快捷键是（　　）。
   A. F7　　　　　　B. Shift+F3　　　　C. F9　　　　　　D. F10
2. "动作"是 Dreamweaver CS6 预先编写好的脚本程序，编写这些脚本程序的语言是（　　）。
   A. VBScript　　　B. JavaScript　　　C. C++　　　　　D. JSP
3. 如果想在打开一个页面的同时弹出另一个新窗口，应该进行的设置是（　　）。
   A. 在添加行为时，选择"打开浏览器窗口"选项
   B. 在添加行为时，选择"弹出信息"选项
   C. 在添加行为时，选择"检查浏览器"选项
   D. 在添加行为时，选择"转到 URL"选项
4. 当鼠标在某个网页元素上移动时，将触发该元素的事件是（　　）。
   A. onClick　　　　B. onMouseUp　　　C. onMouseOut　　D. onMouseMove
5. 浏览器加载网页文档时，将触发的事件是（　　）。
   A. onSubmit　　　B. onLoad　　　　　C. onUnLoad　　　D. onDblClick
6. 浏览器卸载网页文档时，将触发的事件是（　　）。
   A. onSubmit　　　B. onLoad　　　　　C. onUnLoad　　　D. onDblClick
7. 当鼠标离开网页文档中的某个元素时，将触发该元素的事件是（　　）。
   A. onMouseMove　 B. onMouseOver　　 C. onMouseOut　　D. onMouseUp
8. 当网页文档中的某个元素失去焦点时，将触发该元素的事件是（　　）。
   A. onLoad　　　　B. onFocus　　　　 C. onBlur　　　　D. onSubmit
9. 当网页文档中的某个元素获得焦点时，将触发该元素的事件是（　　）。
   A. onLoad　　　　B. onFocus　　　　 C. onBlur　　　　D. onSubmit
10. 在 HTML 事件中，onMouseUp 表示（　　）。
    A. 用户按鼠标左键时触发该事件　　　B. 用户释放鼠标左键时触发该事件
    C. 用户移动鼠标时触发该事件　　　　D. 用户按鼠标右键时触发该事件
11. 如果想在浏览器的状态栏显示文本，应该进行的设置是（　　）。
    A. 在添加行为时，选择"弹出信息"选项
    B. 在添加行为时，选择"打开浏览器窗口"选项
    C. 在添加行为时，选择"设置文本"→"设置状态栏文本"选项
    D. 在添加行为时，选择"显示弹出式菜单"选项

12. 如果想单击按钮关闭浏览器,应该进行的设置是(　　)。
    A. 在添加行为时,选择"弹出信息"选项
    B. 在添加行为时,选择"打开浏览器窗口"选项
    C. 在添加行为时,选择"调用 JavaScript"选项
    D. 在添加行为时,选择"显示弹出式菜单"选项

13. 在"打开浏览器窗口"对话框中,不能设置的选项是(　　)。
    A. 窗口名称　　　B. 导航工具栏　　　C. 标题栏　　　D. 状态栏

14. 在 Dreamweaver CS6 中,下面关于打开浏览器窗口的说法,错误的是(　　)。
    A. 可以设置是否显示浏览器的导航工作栏
    B. 可以设置浏览器窗口的尺寸
    C. 可以设置是否显示浏览器的状态栏
    D. 可以设置弹出指定版本的浏览器

15. 当鼠标移动到文字链接上时显示一个隐藏层,这个动作的触发事件应该是(　　)。
    A. onClick　　　B. onDblClick　　　C. onMouseOver　　　D. onMouseOut

16. 下面关于行为、事件和动作的说法,正确的是(　　)。
    A. 动作发生是在事件发生以后　　　B. 事件发生是在动作发生以后
    C. 事件和动作是同时发生的　　　D. 动作与事件的发生顺序不确定

17. 在网页被关闭之后,弹出了警告消息框,这通过(　　)事件可以实现。
    A. onLoad　　　B. onError　　　C. onClick　　　D. onUnLoad

18. 设置导航栏图像时,当鼠标移动到图像上方,图像发生变化,这是通过(　　)事件实现的。
    A. onMouseOver　　　B. onMouseOut　　　C. onClick　　　D. onLoad

19. 下面关于表单的工作过程说法,错误的是(　　)。
    A. 访问者在浏览有表单的网页时,填上必需的信息,然后单击提交按钮
    B. 这些信息通过 Internet 传送到服务器上
    C. 表单数据的传送方式只能是 POST 方法,不能用 GET 方法
    D. 表单提交时,将触发表单的 onSubmit 事件

20. 在 Dreamweaver CS6 中,表单域的外观是(　　)。
    A. 蓝色虚线框　　　B. 红色虚线框　　　C. 黑色虚线框　　　D. 绿色虚线框

21. 关于表单域,下列说法错误的是(　　)。
    A. 表单域在文档编辑窗口中,以红色的矩形虚线框显示
    B. 在浏览器中表单域不可见
    C. 表单对象必须放在表单域中
    D. 表单域是表单信息提交的基本单位

22. 如果一个网页中有两个表单,提交其中一个表单时,则(　　)。
    A. 另一个表单也跟着提交　　　B. 另一个表单不受影响
    C. 两个表单都不能提交　　　D. 网页出现错误

23. 关于表单的提交方式,下列说法正确的是(　　)。
    A. POST 方法将数据附在 URL 后传送给 Web 服务器

B. GET 方法将数据嵌入 HTTP 请求中传送给 Web 服务器

C. IE 浏览器的默认传送方式是 GET 方法

D. GET 方法传送的文本信息相对于 POST 方法更安全

24. 关于文本字段,下列说法错误的是( )。

A. 字符宽度是指文本字段中的可见字符数

B. 最多字符数是指文本字段中最多能输入的字符个数

C. 文本字段不可以设为多行的形式

D. 文本字段必须有一个在表单中唯一的名称

25. 在 Dreamweaver CS6 中插入文本字段时,下面不是文本字段形式的是( )。

  A. 单行域   B. 密码域   C. 文本区域   D. 隐藏域

26. 下面关于设置文本字段的属性,说法错误的是( )。

A. 单行文本字段只能输入单行文本

B. 通过设置可以控制单行文本字段的高度

C. 通过设置可以控制输入单行文本字段的最长字符数

D. 密码域的主要特点是不在表单中显示输入内容,而是用"*"替代显示

27. 在表单中,文本字段主要有( )种形式。

  A. 1   B. 2   C. 3   D. 4

28. 关于隐藏域,下列说法错误的是( )。

A. 隐藏域中的数据不在表单中显示,只显示一个隐藏图标

B. 隐藏域不在浏览器中显示,因此对网页浏览者是不可见的

C. 隐藏域中的数据将随表单一起提交给 Web 服务器

D. 网页设计者不能修改隐藏域中的数据

29. 关于文本区域,下列说法错误的是( )。

A. 文本区域实际上就是设置了多行属性的文本字段

B. "字符宽度"规定了文本区域每行的可见字符数

C. "最多字符数"规定了文本区域中最多能输入的字符个数

D. "行数"规定了文本区域的可见行数

30. 关于单选钮和复选框,下列说法错误的是( )。

A. 复选框可以多选,也可以一个都不选

B. 单选钮可以分组,每组只能有一个单选钮被选中

C. 单选钮和复选框的功能类似,可以互换

D. 每组中的单选钮可以一个都不选中

31. 关于列表或菜单,下列说法错误的是( )。

A. 菜单的高度不能调整,只能是一行

B. 菜单中的选项可以选择一个,也可以同时选择多个

C. 列表的高度可以根据需要随意调整

D. 列表中的选项可以选择一个,也可以同时选择多个

32. 在列表或菜单的属性设置中,用来控制列表显示行数的属性是( )。

  A. 类型   B. 高度   C. 允许多选   D. 列表值

33. 关于跳转菜单,下列说法错误的是(　　)。
    A. 跳转菜单是列表或菜单功能的扩展
    B. 跳转菜单通常包括菜单和按钮两个部分
    C. 跳转菜单中必须有一个"跳转"按钮
    D. 跳转菜单的设置方法和列表或菜单的设置方法类似

34. 关于文件域,下列说法错误的是(　　)。
    A. 文件域为用户向服务器传送文件,提供选择文件的机制
    B. 文件域由文本字段和按钮两部分组成
    C. 字符宽度的含义和文本字段相似
    D. 文件域具有表单提交的功能

35. 关于按钮,下列说法错误的是(　　)。
    A. "提交"按钮主要用于向 Web 服务器提交表单信息
    B. 单击"重置"按钮可以将表单中的所有表单对象重置为初始状态
    C. 自定义按钮不能实现"提交"按钮的功能
    D. 要单击某按钮关闭浏览器,需要对自定义按钮的 onClick 事件编程

36. 下面关于设置按钮属性的说法错误的是(　　)。
    A. 可以在"属性"面板中设置按钮的"动作"类型
    B. 可以在"属性"面板的"值"文本框中输入文本,该文本是提交给 Web 服务器的信息
    C. 按钮的"值"属性规定了按钮上显示的文本信息
    D. 每个按钮都有一个"按钮名称"属性

37. 下面关于制作跳转菜单的说法错误的是(　　)。
    A. 利用跳转菜单可以使用很小的网页空间来做更多的链接
    B. 在设置跳转菜单属性时,可以调整各链接的顺序
    C. 在插入跳转菜单时,可以选择是否加上"前往"按钮
    D. 默认没有"前往"按钮

38. 有一个供用户注册的网页,在用户填写完成后,单击"确定"按钮,网页将检查所填写资料的有效性,这是因为使用了 Dreamweaver CS6 的(　　)行为。
    A. 检查表单　　　　B. 检查插件　　　　C. 检查浏览器　　　　D. 改变属性

二、多选题

1. 在 Dreamweaver CS6 中,可以通过行为设置(　　)文本。
    A. 设置层文本　　　　　　　　B. 设置文本域文字
    C. 设置框架文本　　　　　　　D. 设置状态栏文本

2. 在 Dreamweaver CS6 中,行为由(　　)两个部分构成。
    A. 事件　　　　B. 动作　　　　C. 初级行为　　　　D. 最终动作

3. 属于"行为"面板的动作包括(　　)。
    A. 弹出信息　　　　　　　　　B. 设置状态栏文本
    C. 拖动层　　　　　　　　　　D. 变换图像

4. 在"打开浏览器窗口"对话框中,可以进行设置的选项是(　　)。
    A. 导航工具栏　　　B. 菜单条　　　C. 地址工具栏　　　D. 调整大小手柄

5. 下面关于设置按钮属性的说法正确的是(　　)。

   A. 在"属性"面板中可以将按钮设置为"提交"按钮

   B. 在"属性"面板中可以将按钮设置为"重置"按钮

   C. 可以用图片制作图形按钮

   D. 以上说法都不对

6. 在 Dreamweaver CS6 中,下面(　　)选项是表单实现的功能。

   A. 收集访问者的浏览印象

   B. 访问者登记注册邮箱时,可以用表单收集一些必需的个人资料

   C. 在电子商场购物时,收集每个网上顾客具体购买的商品信息

   D. 使用搜索引擎查找信息时,查询的关键词是通过表单提交到服务器上的

7. 文本字段的类型包括(　　)。

   A. 单行　　　　　B. 多行　　　　　C. 密码　　　　　D. 上传

8. 在 Dreamweaver CS6 中,按钮的种类有(　　)。

   A. 提交(Submit)　　B. 重置(Reset)　　C. 自定义　　　　D. 预定义

三、简答题

1. 什么是行为？什么是事件？什么是动作？
2. 简述事件和动作的关系。
3. 简述网页中表单的作用。

第 9 章　样式表和模板

一、单选题

1. CSS 的中文全称是（　　）。
   A. 层叠样式表　　　B. 层叠表　　　　C. 样式表　　　　D. 以上都正确
2. Dreamweaver CS6 打开"CSS 样式"面板的快捷键是（　　）。
   A. Shift＋F11　　　B. F8　　　　　　C. F9　　　　　　D. F10
3. 下列（　　）的优先级最高。
   A. 嵌入式样式表　　　　　　　　　　B. 浏览器默认设置
   C. 内联样式表　　　　　　　　　　　D. 外部样式表
4. 下列（　　）的作用范围最广。
   A. 嵌入式样式表　　　　　　　　　　B. 浏览器默认设置
   C. 内联样式表　　　　　　　　　　　D. 外部样式表
5. 下列（　　）只对其所在的网页文档有效。
   A. 嵌入式样式表　　　　　　　　　　B. 浏览器默认设置
   C. 内联样式表　　　　　　　　　　　D. 外部样式表
6. 下列（　　）的名称以"."开头。
   A. 内联样式　　　B. 类样式　　　　C. 标签样式　　　D. 复合内容
7. 在 Dreamweaver CS6 中，下面关于首页制作的说法错误的是（　　）。
   A. 首页的文件名称可以是"index.htm"或"index.html"
   B. 可以使用排版表格和排版单元格定位网页元素
   C. 可以使用表格对网页元素定位
   D. 在首页中不可以使用 CSS 样式来定义风格
8. 下面关于"新建 CSS 规则"对话框的说法错误的是（　　）。
   A. 可以选择类样式　　　　　　　　　B. 可以选择标签样式
   C. 可以选择复合内容　　　　　　　　D. 可以选择自定义样式
9. 在 Dreamweaver CS6 中，下面关于 CSS 文件位置的说法错误的是（　　）。
   A. CSS 可以位于站点的任何目录位置
   B. 只要在链接时能正确指出，无论在什么地方都可以
   C. CSS 一定要放在网站的根目录下
   D. CSS 可以位于 Internet 中的任何位置
10. 在 Dreamweaver CS6 中，下面关于样式表的说法错误的是（　　）。
    A. 通过"CSS 样式"面板可以对网页中的样式表进行编辑、管理

B. 建立样式表时有两种类型可以选择

C. 通过扩展还可以使用样式表制作较复杂的样式

D. 在创建样式表时,可以选择是建立外部样式表文件还是建立仅用于当前文档的内部样式

11. 关于"CSS样式"面板,下面说法错误的是(　　)。

 A. 可以连接独立的外部样式表文件　　B. 可以新建一个样式

 C. 可以同时编辑两个样式表　　D. 可以删除当前样式表中的样式

12. 当新建样式时,样式名称前有一个"."表示(　　)。

 A. 此样式是一个类样式(Class)

 B. 此样式是一个复合内容

 C. 在一个HTML文件中,只能被调用一次

 D. 在一个HTML文件中,最多能被调用两次

13. 在Dreamweaver CS6中,超链接标签样式有4种不同的状态,下面不是其中一种的是(　　)。

 A. 激活的链接 a:active　　B. 当前链接 a:hover

 C. 链接 a:link　　D. 没有访问过的链接 a:unvisited

14. 在Dreamweaver CS6中,下面关于应用样式的说法错误的是(　　)。

 A. 应用样式前,首先要选择要应用样式的内容

 B. 也可以使用标签选择器选择要使用样式的内容,但是比较麻烦

 C. 选择要使用样式的内容,在"CSS样式"面板中单击要应用的样式名称

 D. 应用样式的内容可以是文本或者段落等页面元素

15. 在Dreamweaver CS6中,下面对已有的样式表不可以进行的操作是(　　)。

 A. 删除　　B. 修改　　C. 复制　　D. 合并

16. 在Dreamweaver CS6中,对字体设置样式时,下面说法错误的是(　　)。

 A. 可以设定字体　　B. 可以设定字体大小

 C. 可以设定粗体　　D. 可以设置尾字效果

17. 下列选择器类型不属于"新建CSS规则"对话框的是(　　)。

 A. 类(可应用于任何标签)　　B. 标签(重新定义特定标签的外观)

 C. 文档(新建样式文档)　　D. 复合内容(ID、上下文选择器等)

18. 下列关于CSS的说法错误的是(　　)。

 A. CSS的全称是Cascading Style Sheets,中文的意思是"层叠样式表"

 B. CSS的作用是精确定义页面中各元素以及页面的整体样式

 C. CSS样式不仅可以控制大多数传统的文本格式属性,还可以定义一些特殊的HTML属性

 D. 使用Dreamweaver CS6只能可视化创建CSS样式,无法以源代码方式编辑样式

19. 下列操作不能定义一个外部的CSS样式表文件的是(　　)。

 A. 在创建新样式时,在"定义在"下拉列表中选择"新建样式表文件"选项

 B. 在文档内定义完CSS样式之后,依次单击"修改"→"CSS样式"→"导出"命令,

将样式表导出为一个外部文件

C. 在文档内定义完 CSS 样式之后,依次单击"文本"→"CSS 样式"→"导出"命令,将样式表导出为一个外部文件

D. 在文档内定义完 CSS 样式之后,单击 CSS 样式面板右上方的 ▼≡ 按钮,在弹出的菜单中选择"导出"命令,将样式表导出为一个外部文件

20. 要通过 CSS 设置中文文字的间距,可以通过调整样式表中的( )属性实现。
    A. 文字间距　　　B. 字母间距　　　C. 数字间距　　　D. 无法实现

21. 下面( )是 Dreamweaver CS6 的模板文件的扩展名。
    A. html　　　　　B. htm　　　　　C. dwt　　　　　D. txt

22. 在创建模板时,下面关于可编辑区的说法正确的是( )。
    A. 一个模板通常要创建可编辑区域
    B. 在编辑模板时,可编辑区是可以编辑的,锁定区是不可以编辑的
    C. 一般把共同特征的标题和标签设置为可编辑区
    D. 一个模板通常只能创建一个可编辑区域

23. 在创建模板时,下面关于可选区的说法正确的是( )。
    A. 在创建网页时定义的
    B. 可选区的内容不可以是图片
    C. 使用模板创建网页,对于可选区的内容,可以选择显示或不显示
    D. 可选区的内容不可以是表格

24. 在创建模板时,下面关于定义可编辑区的说法错误的是( )。
    A. 可以将网页中的整个表格定义为可编辑区
    B. 可以将表格中的行定义为可编辑区
    C. 可一次性将多个单元格定义为可编辑区
    D. 较常见的方式是使用层、表格建立架构,在表格里插入层,并将层定义为可编辑区

25. Dreamweaver CS6 打开"文件"面板的快捷键是( )。
    A. F8　　　　　B. F11　　　　　C. Ctrl+F10　　　　　D. Ctrl+F11

26. 当编辑模板时,以下说法正确的是( )。
    A. 只能修改可编辑区域中的内容
    B. 只能修改锁定区域的内容
    C. 可编辑区域和锁定区域的内容都可以修改
    D. 可编辑区域和锁定区域的内容都不能修改

27. 以下关于模板说法错误的是( )。
    A. 用户可以修改已有的 HTML 文档并另存为网页模板
    B. 用户可以新建空白网页模板
    C. 新建的模板会自动保存在站点根目录下的"模板"文件夹内
    D. 在新建模板之后,Dreamweaver CS6 将自动创建一个 Templates 文件夹

28. Dreamweaver CS6 不允许使用( )作为可编辑域。
    A. 普通段落　　　　　　　　　　　　　B. 某个单元格

C. 相邻的单元格区域　　　　　　　D. 整个表格
29. 有关将 AP Div 设置为可编辑区域的说法,错误的是(　　)。
    A. AP Div 被标记为可编辑之后就可以随意改变其位置
    B. AP Div 的内容和层是分离的元素,层的内容可以被标记为可编辑区域
    C. AP Div 的内容被标记为可编辑区域之后,用户可以任意修改层的内容
    D. AP Div 不可以被标记为可编辑区域

二、多选题

1. 在 Dreamweaver CS6 中,样式表可以分为(　　)。
   A. 类样式　　　　B. 标签样式　　　　C. 复合内容　　　　D. 普通样式
2. 在创建 CSS 样式时,下列(　　)格式可以被设置。
   A. 列表样式　　　B. 边框和填充　　　C. 背景　　　　　　D. 字体
3. 创建 CSS 样式时,在"背景"选项中的"附件"下拉列表中包括(　　)。
   A. 滚动　　　　　B. 静止　　　　　　C. 绝对　　　　　　D. 固定
4. CSS 样式可以定义下列(　　)网页元素的外观。
   A. 文本　　　　　B. 表格　　　　　　C. 图像　　　　　　D. 表单
5. 根据样式的存储方式不同,可以分为(　　)。
   A. 高级样式表　　　　　　　　　　　B. 内联样式表
   C. 外部样式表　　　　　　　　　　　D. 嵌入式样式表
6. 下面关于制作站点其他子页面的说法正确的是(　　)。
   A. 各页面的风格保持一致很重要
   B. 可以使用模板保持网页的风格一致
   C. 使用模板可以制作内容不同但风格一致的网页
   D. Dreamweaver CS6 提供了很强的模板编辑功能
7. 某用户在用模板制作网页时,要在其中添加行为却不能实现的原因是(　　)。
   A. 在使用模板做出来的网页中不能新增行为
   B. 该用户可能没有定义可编辑区域
   C. 应用了模板后,HTML 文档的 Head 部分会被"封锁"住
   D. 该用户没有定义锁定区域
8. 将模板应用于网页文档之后,下列说法中正确的是(　　)。
   A. 模板不能被修改　　　　　　　　　B. 模板可以被修改
   C. 网页文档不能被修改　　　　　　　D. 网页文档可以被修改
9. 通过对模板的设置,将已有内容定义为可编辑区域,以下选项中正确的是(　　)。
   A. 既可以标记整个表格,也可以标记表格中的某个单元格作为可编辑区域
   B. 一次可以标记若干个单元格作为可编辑区域
   C. 层被标记为可编辑区域后可以随意改变其位置
   D. 层的内容被标记为可编辑区域后可以任意修改层的内容
10. 应用了模板的文档可以使用(　　)。
    A. 模板的样式表　　　　　　　　　　B. 模板的行为
    C. 自己的样式表　　　　　　　　　　D. 自己的行为

11. 在 Dreamweaver CS6 中使用模板时,下列操作正确的是( )。
   A. 可继续修改模板中的可编辑区域
   B. 用表格设定模板结构
   C. 存储时使用"文件"→"另存为"模板命令
   D. 可以直接从模板新建页面
12. 模板的区域类型有( )。
   A. 可编辑区域   B. 可选区域   C. 重复区域   D. 可插入区域
13. 在模板编辑时可以定义,而在网页编辑时不可以定义的是( )。
   A. 可编辑区   B. 可选择区   C. 可重复区   D. 设置框架

三、判断题
1. 不要在模板的"新建可编辑区域"对话框中的"名称"文本框中使用特殊字符及中文。
                                                              (   )
2. 类样式(Class)名称必须以逗号开头。   (   )
3. 在 Dreamweaver CS6 中,可以把已经创建的仅用于当前文档的内部样式表转化成外部样式表。   (   )
4. 在 Dreamweaver CS6 中,利用模板和样式表可以比较轻松地一致站点风格。
                                                              (   )
5. 在重新编辑 HTML 标签样式后,用户需要再次应用该样式才能生效。 (   )
6. 模板最强大的用途之一在于一次更新多个页面。   (   )
7. 在模板中使层的内容可编辑时既能更改层的内容也能更改其位置。   (   )
8. 可编辑区域在模板中由高亮(接近蓝色)显示的矩形边框围绕。   (   )
9. 使用 Dreamweaver CS6 中的外部样式表功能,可以将样式应用到多个网页文件中,从而达到网站"减肥"。   (   )
10. 在 Dreamweaver CS6 中,把已经创建的仅用于当前文档的样式表称为嵌入式样式表。   (   )

四、简答题
1. 什么是样式表?样式表主要有哪些类型?各有什么特点?
2. 简要说明"CSS 样式"面板的组成。
3. 简述模板在站点建设中的主要作用。
4. 请为一家"物流公司"设计一个站点模板,要求有 Logo、Banner、表格和导航链接。

第10章 投资与决策分析

一、单选题

1. 在 D18 单元格中输入公式"=ROUND(54.316,−1)",则 D18=（　　）。
   A. 53　　　　B. 52　　　　C. 51　　　　D. 50
2. 在 D18 单元格中输入公式"=IF(C7<90,"活期",IF(C7<180,"三个月",IF(C7<360,"半年期","一年期")))",若 C7=125,则 D18=（　　）。
   A. 活期　　　B. 三个月　　C. 半年期　　D. 一年期
3. 在 D18 单元格中输入公式"=ROUND(88.466,−2)",则 D18=（　　）。
   A. 100　　　B. 90　　　　C. 80　　　　D. 70
4. 在 D18 单元格中输入公式"=INT(C2)*2+C1",其中 C2=100.36,C1=10,则 D18=（　　）。
   A. 210.72　　B. 210.7　　C. 210　　　D. 211
5. 小王购买一套住宅,总价格 50 万元,首付 10 万元后从银行获得商业按揭贷款 400 000 元,年利率 5.7%,期限 10 年,采用按月等额本息还款方式,计算小王每月的还款额的 Excel 函数为（　　）。
   A. OMT　　　B. PMT　　　C. QMT　　　D. SMT
6. Excel 函数 PMT(Rate,Nper,Pv,Fv,Type),参数 Type 的值可以是（　　）。
   A. 1　　　　B. 3　　　　C. 6　　　　D. 12
7. Excel 函数 PPMT(Rate,Per,Nper,Pv,Fv,Type),参数 Nper 是指（　　）。
   A. 贷款利率　　　　　　　B. 本金数额的期次
   C. 贷款偿还期限　　　　　D. 贷款本金
8. Excel 函数 PPMT(7.5%/12,10,120,240)表示基于等额本息还款方式,在月利率为 x,还款期为 y 个月,贷款金额为 z 元的条件下第 m 个月所需要偿还的本金。则 m=（　　）。
   A. 10　　　　B. 12　　　　C. 120　　　D. 240
9. Excel 函数 PPMT(7.5%/12,10,120,240)表示基于等额本息还款方式,在月利率为 x,还款期为 y 个月,贷款金额为 z 元的条件下第 m 个月所需要偿还的本金。则 z=（　　）。
   A. 10　　　　B. 12　　　　C. 120　　　D. 240
10. 需要 10 个月付清的年利率为 8% 的 10 000 元贷款的月支额为（　　）。
    A. FV(8%/12,10,10000)　　　　B. IPMT(8%/12,10,10000)
    C. PPMT(8%/12,10,10000)　　　D. PMT(8%/12,10,10000)
11. 打开 Excel,设单元格 B1 为年利率=7.25%,设单元格 B2 为贷款的年限(年)=15,设单元格 B3 为贷款的现值=100 000,计算第二年利息的公式为（　　）。

A. IPMT(2,B1,B2,B3)　　　　　　B. IPMT(B1,2,B2,B3)
C. IPMT(B1,B2,2,B3)　　　　　　D. IPMT(B1,B2,B3,2)

12. 打开 Excel,设单元格 B1 为年利率=4.256%,设单元格 B2 为贷款的年限(年)=30,设单元格 B3 为贷款的现值=500 000,计算该笔贷款第 4 年应付的全部本金之和的公式为(　　)。

A. CUMPRINC(B1,B2,B3,1,4,0)　　　B. CUMPRINC(B1,B2,B3,2,4,0)
C. CUMPRINC(B1,B2,B3,3,4,0)　　　D. CUMPRINC(B1,B2,B3,4,4,0)

13. 郭先生 2013 年 1 月采用公积金贷款的形式购买住房一套,购买当月开始还款。其中 40 万元的公积金贷款采用等额本息贷款方式,贷款利率为 5.22%,贷款年限为 20 年。计算郭先生公积金贷款的第一个月偿还的本金额的 Excel 财务函数为(　　)。

A. PMT　　　　B. IPMT　　　　C. PPMT　　　　D. MPMT

14. 郭先生 2013 年 1 月采用公积金贷款的形式购买住房一套,购买当月开始还款。其中 40 万元的公积金贷款采用等额本息贷款方式,贷款利率为 5.22%,贷款年限为 20 年。计算郭先生公积金贷款的第三年最后一个月月利息的 Excel 财务函数为(　　)。

A. PMT　　　　B. IPMT　　　　C. PPMT　　　　D. MPMT

15. 郭先生 2013 年 1 月采用公积金贷款的形式购买住房一套,购买当月开始还款。其中 40 万元的公积金贷款采用等额本息贷款方式,贷款利率为 5.22%,贷款年限为 20 年。计算郭先生公积金贷款的第一个月还款额的 Excel 财务函数为(　　)。

A. PMT　　　　B. IPMT　　　　C. PPMT　　　　D. MPMT

16. 郭先生 2013 年 1 月采用公积金贷款的形式购买住房一套,购买当月开始还款。其中 40 万元的公积金贷款采用等额本息贷款方式,贷款利率为 5.22%,贷款年限为 20 年。计算郭先生公积金贷款偿还的利息总额的 Excel 财务函数为(　　)。

A. CUMPRINC　　B. CUMIPMTC　　C. CUMIPMT　　D. CUMPRNT

17. Excel 函数 PPMT(Rate,Per,Nper,Pv,Fv,Type),参数 Per 是指(　　)。

A. 贷款利率　　　　　　　　　　B. 本金数额的期次
C. 贷款偿还期限　　　　　　　　D. 贷款本金

18. Excel 函数 PPMT(Rate,Per,Nper,Pv,Fv,Type),参数 Pv 是指(　　)。

A. 贷款利率　　　　　　　　　　B. 本金数额的期次
C. 贷款偿还期限　　　　　　　　D. 贷款本金

19. 以下关于等额本息还款说法错误的是(　　)。

A. 等额本息贷款还款方式是指每月以相等的还本付息数额偿还贷款本息
B. 在贷款初期每月的还款中,剔除按月结清的利息后,所还的贷款本金就较多
C. 借款人每月按相等的金额偿还贷款本息
D. 贷款后期因贷款本金不断减少,每月的还款额中贷款利息也不断减少

20. 以下关于等额本金还款说法错误的是(　　)。

A. 月还款额=贷款总额÷还款总期数
B. 初期由于本金较多,将支付较多的利息
C. 还款额在初期较多,并在随后的时间每月递减
D. 等额本金还款也是一种比较常见的还款方法

二、填空题

1. Excel 是微软公司出品的 Office 办公软件家族中的重要一员,是集数据录入、表格制作、表格计算、图表生成、_____和处理等功能于一身的应用软件。

2. 活期储蓄利息计算,根据计息规定,元以下不计息,计算累计计息积数时要用 INT 函数对存款额_____。

3. 存期计算:算头不算尾,存入日期起息,支取日期止息;每年按_____天计,每月以 30 天计;按对年对月对日计算到期日。

4. Excel 提供了一个函数 DAYS360(Start_date,End_date,Method),其中参数 Start_date 和 End_date 是用于计算天数的起止日期,Method 为_____,通常省略。

5. IPMT 函数的形式为 IPMT(Rate,Per,Nper,Pv,Fv,Type),其中参数 Pv 是_____。

6. CUMPRINC 函数的形式为 CUMPRINC(Rate,Nper,Pv,Start_period,End_period,Type),其中参数 Nper 是_____。

7. PPMT 函数的形式为 PPMT(Rate,Per,Nper,Pv,Fv,Type),如果参数 Type 省略,则假设其值为_____。

8. 计算每月偿还利息额。在某单元格中输入公式"=ROUND($C$3*$C$5/12,2)",计算每月应偿还利息额。这里使用 ROUND 函数对计算结果进行分以下金额的_____处理。

9. 公式 PPMT(10%,1,1,100000)中的 10%是指_____。

10. 假如为购房贷款 1 000 000 元,如果采用 10 年等额本息还清方式,年利率为 6.78%,每期末还款。月还款额计算公式为"=_____"。

11. 假如为购房贷款 150 000 元,如果采用 20 年等额本息还清方式,年利率为 7.08%,每期末还款。第一月利息额计算公式为"=_____"。

12. ROUND(24.149,2),结果为_____。

13. 假如为购房贷款 80 000 元,如果采用 5 年等额本息还清方式,年利率为 6.51%,每期末还款。第一月本金计算公式为"=_____"。

14. 假如为购房贷款 200 000 元,如果采用 20 年等额本息还清方式,年利率为 8.21%,每期末还款。第一年中支付的利息总数"=_____"。

15. 假如为购房贷款 100 000 元,如果采用 10 年等额本息还清方式,年利率为 9.01%,每期末还款。第一年中支付的本金总数"=_____"。

16. 假如为购房贷款 130 000 万元,如果采用 8 年等额本息还清方式,年利率为 5.71%,每期末还款。月还款额计算公式为"=_____"。

17. 固定利率,等额本息还款条件下计算在某一特定还款期内需要向银行偿还的利息额的函数是_____。

18. 固定利率,等额本息还款条件下计算在给定的 Start-period 到 End-period 期间累计向银行偿还的本金金额的函数是_____。

19. 若 PMT=100,PPMT=70,IMPT=_____。

20. PMT、IMPT 与 PPMT 函数之间的关系是_____。

三、判断题

1. 对于定期性质的存款,包括整存整取、整存零取、存本取息及定活两便等,银行采用

逐笔计息法计算利息。( )

2. 存期计算：算头不算尾，存入日期起息，支取日期止息；每年按365天计算。( )

3. 定活两便储蓄按支取日不超过一年期的相应档次的整存整取定期储蓄存款利率打6折计息。( )

4. Excel 提供了一个函数 DAY365（Start_date，End_date，Method），该函数是计算两个日期间隔的天数。( )

5. 贷款后，没发生提前还款的情况下，还款按照等额本息法比等额本金法多付出一些利息。( )

6. 活期储蓄，积数计息法就是按实际天数每日累计账户余额，以累计积数除以日利率计算利息的方法。( )

7. 使用 DAYS360 函数计算的结果是90天。而按照对月对日的计息法则，这笔存款还未满三个月。( )

8. 零存整取存款是指开户时约定存期，约定每月存入金额，本金分次存入，到期一次支取本息的存款方式。存期分一年、三年、五年三个档次。( )

9. 一年期的累计月积数为$(12+1) \times 12 \div 2 = 78$，以此类推，三年期的累计月积数为234。( )

10. 2007年2月1日开户，2007年5月1日支取，按照实际天数计算结果为89天，而按照对月对日的计息法则，这笔存款已经满了三个月。( )

11. Excel 提供了一批功能强大的财务函数，其中包括贷款分析计算关系较密切的函数。( )

12. 假如为购房贷款100 000元，如果采用10年等额本息还款方式，年利率为7.11%，每期末还款。则第一年中支付的利息总数"=IPMT(7.11%/12,120,100000,1,12,0)"。
( )

13. 假如为购房贷款100 000元，如果采用10年等额本息还清方式，年利率为7.11%，每期末还款。则第一年中支付的利息总数"=PMT(7.11%/12,120,100000,1,12,0)"。
( )

14. 假如为购房贷款100 000元，如果采用10年等额本息还清方式，年利率为7.11%，每期末还款。则第一年中支付的利息总数"=PPMT(7.11%/12,120,100000,1,12,0)"。
( )

15. 假如为购房贷款100 000元，如果采用10年等额本息还清方式，年利率为7.11%，每期末还款。则第一年中支付的利息总数"= CUMPRINC (7.11%/12,120,100000,1,12,0)"。( )

16. IPMT 函数是基于固定利率及等额分期付款方式，返回给定期数内对投资的利息偿还额。( )

17. PPMT(6.9%/12,120,200000)表示基于等额本息还款方式，在月利率为0.575%、还款期为120个月、贷款金额为200 000元的条件下每月所需要偿还的金额。( )

18. PMT(6.9%/12,10,120,200000)表示基于等额本息还款方式，在年利率为6.9%、还款期为120个月、贷款金额为200 000元的条件下第10个月所需要偿还的本金。( )

19. IPMT 函数语法：IPMT(rate,per,nper,pv,fv,type)，其中 rate 表示贷款利率。
（　　）

20. IPMT 函数语法：IPMT(rate,per,nper,pv,fv,type)，其中 fv 称为本金。（　　）

四、应用题

1. 某投资者用 2000 万资金投资 A、B 两个项目，项目 A 初始投入 2000 万元，以后每年获得本金的 10% 的投资收益，10 年后收回本金；项目 B 初始投入 2000 万元，以后每年视经营情况获得收益，根据预测该项目第一年获得 80 万元的收益，以后每年的收益在上年基础上递增 18%，10 年后也收回本金，假定贴现为 6.5%，完成如下计算。

（1）在工作表中建立一个对两个项目进行比较的模型，在两个并列的单元格中分别求出两个投资项目的净现值，在一个单元格中利用 IF() 函数给出"项目 A 较优"或"项目 B 较优"的结论。

（2）将上述模型加以扩充，在两个并列的单元格中分别求出两个项目的内部报酬率。

（3）在一个单元格中使用一个 Excel 函数求出使两个项目的净现值相等的贴现率及相等处的净现值。

2. 某工厂用原料 A、B、C 生产产品甲、乙、丙。已知甲、乙、丙中 A、B、C 的含量、原料成本、三种产品的加工费和售价如表所示，请计算如何安排生产使得获利最大。

第11章 数据整理与描述性分析

一、单选题

1. 某医院获得2013年12月在该院出生的20名初生婴儿的体重数据。若要了解这20名初生婴儿的体重分布情况,需考察哪个特征数?（　　）
   A. 频数　　　　B. 极差　　　　C. 平均数　　　　D. 方差
2. 以下各种图形中,表示连续性资料频数分布的是（　　）。
   A. 条形图　　　B. 饼图　　　　C. 直方图　　　　D. 散点图
3. 特别适用于描述具有百分比结构的分类数据的统计分析图是（　　）。
   A. 条形图　　　B. 饼图　　　　C. 直方图　　　　D. 散点图
4. 特别适用于描述具有相关结构的分类数据的统计分析图是（　　）。
   A. 条形图　　　B. 饼图　　　　C. 直方图　　　　D. 散点图
5. 以下各种图形中,以矩形面积表示连续性随机变量次数分布的是（　　）。
   A. 条形图　　　B. 饼图　　　　C. 直方图　　　　D. 散点图
6. 下列类型中,能够反映数据的变动情况及变化趋势的图表类型是（　　）。
   A. 雷达图　　　B. XY散点图　　C. 饼图　　　　　D. 折线图
7. 饼图能显示出不同于其他类型图表的关系是（　　）。
   A. 能够表现个体与整体之间关系
   B. 能够反映数据的变动情况及变化趋势
   C. 能够反映多个数据在幅度上连续的变化情况
   D. 能够用于寻找两个系列数据之间的最佳组合
8. 在Excel中修改数据透视表,除直接通过拖动字段来添加或删除字段以外,还可以通过（　　）对话框来重新组织数据透视表。
   A. 数据透视表→选项　　　　　B. 数据透视表→布局
   C. 编辑→添加/删除　　　　　　D. 数据透视表字段列表
9. 下列关于数据透视表中字段的说法错误的是（　　）。
   A. 数据透视表中的字段有行字段、页字段、列字段和数据字段4类
   B. 数据透视表中源字段只能处于行字段、页字段和列字段三个中的一个位置
   C. 某个源字段在行字段中出现了,也可以同时在页字段中出现
   D. 数据透视表的计数项汇总方式有多种形式
10. 要创建数据透视表,第一步应该做的是（　　）。
    A. 整理数据清单
    B. 打开数据透视表制作向导

C. 将数据从工作表拖放到数据透视表视图中
　　D. 确定想知道什么
11. 下列哪种说法是不正确的？（　　）
　　A. 离散系数越大,集中量数的代表性越小
　　B. 离散系数越小,数据的离散程度越大
　　C. 离散系数越大,数据的离散程度越大
　　D. 离散系数是一种相对差异量数
12. 以总体各单位数值之和除以总体单位总数,所得就是（　　）。
　　A. 算术平均数　　B. 加权平均数　　C. 几何平均数　　D. 总体标准差
13. 以下所列不属于集中量数的是（　　）。
　　A. 算术平均数　　B. 中位数　　　　C. 众数　　　　　D. 方差
14. 下列选项中,属于对Excel工作表单元格绝对引用的是（　　）。
　　A. B2　　　　　　B. ￥B￥2　　　　C. $B2　　　　　　D. $B$2
15. 离中趋势指标中,最易受极端值影响的是（　　）。
　　A. 全距　　　　　B. 平均差　　　　C. 标准差　　　　D. 方差
16. 中位数和众数是一种（　　）。
　　A. 代表值　　　　B. 常见值　　　　C. 典型值　　　　D. 实际值
17. 四分位数实际上是一种（　　）。
　　A. 算术平均数　　B. 几何平均数　　C. 位置平均数　　D. 数值平均数
18. 四分位差排除了数列两端各（　　）单位标志值的影响。
　　A. 10%　　　　　B. 15%　　　　　C. 25%　　　　　D. 35%
19. 当数据组高度偏态时,假设下列4个数都存在,哪一种平均数更具有代表性？（　　）
　　A. 算术平均数　　B. 中位数　　　　C. 众数　　　　　D. 几何平均数
20. 用Excel进行描述性统计,可以用Excel实现,也可以用（　　）工具快速实现主要描述性统计。
　　A. 相关系数　　　B. 协方差　　　　C. 直方图　　　　D. 描述统计

二、填空题
1. 在Excel中,要求在使用分类汇总之前,先对_____字段进行排序。
2. 在抽样调查中,需要用样本统计量对_____参数进行估计。
3. 直方图是用矩形的宽度和高度来表示频数分布的图形。在平面直角坐标轴中,用横轴表示数据分组,纵轴表示_____。
4. 频数分布折线图能直观地反映数据的_____。
5. 在Excel中使用直方图分析工具在创建图表的同时也可以显示_____。
6. 在Excel中,最适合反映单个数据在所有数据构成的总和中所占比例的一种图表类型是_____。
7. 在Excel中,_____是数据透视表和图表的结合,它以图形的形式表示数据透视表中的数据。
8. 正态分布（Normal Distribution）又名高斯分布（Gaussian Distribution）,是一个在数学、物理及工程等领域都非常重要的概率（或数据）分布,是自然界中最常见的一种分布,该

分布由两个参数＿＿＿＿＿＿决定。

9. 数据分布的特征和测度：＿＿＿＿＿＿用众数、中位数和均值，离散程度用全距、方差和标准差，分布的形状用偏度和峰度决定。

10. 在 Excel 中，若要对 A3：B7，D3：E7 两个矩形区域中的数据求平均数，并把所得结果置于 A1 中，则应在 A1 中输入公式＿＿＿＿＿＿。

11. 在 Excel 操作中，统计函数 MODE 代表＿＿＿＿＿＿。

12. 除了中位数和均值之外，把样本中出现次数最多的数目称为＿＿＿＿＿＿。

13. 描述性统计的离中趋势指标包括全距、四分位数、方差、＿＿＿＿＿＿、最大值和最小值等。

14. 偏度数值等于 0，说明分布对称；如果偏度数值大于 0，说明分布呈现＿＿＿＿＿＿偏态。

15. Excel 不仅提供了丰富的统计函数和图表描述总体分布的特征，同时也提供了＿＿＿＿＿＿分析工具来计算数据的集中趋势、离中趋势、峰度和偏度等有关的描述性统计指标。

16. 运用 Excel 数据分析可以进行数据描述性分析，选择 Excel ＿＿＿＿＿＿选项卡，再单击"数据分析"按钮，在弹出的"数据分析"对话框中选择"描述统计"。

17. ＿＿＿＿＿＿是统计分析的第一步，做好这第一步是进行正确统计推断的先决条件。

18. Excel 数据有 4 种基本数据类型：数值型、字符型、日期型和＿＿＿＿＿＿。

三、判断题

1. FREQUENCY 函数返回的结果是数组形式，因此公式输入完成后必须按 Shift＋Ctrl＋Enter 组合键进行确认。（　　）
2. 在企业中，利用 Excel 可以很方便地整理出产值、销售统计等一些资料。（　　）
3. Excel 的频数分布函数能对数据进行分组，建立频数分布，较好地描述数据分布状态。（　　）
4. Excel 提供了许多数据整理的工具：包括频数分布函数、直方图、数据透视表和描述性统计分析工具等，但不包括 Excel 排序、筛选和分类汇总。（　　）
5. Excel 中，保存文件要做三件事情：一是确定保存位置，二是确定文件名称，三是确定文件保存类型。（　　）
6. Excel 中，SQRT(64)与 64 ^0.5 都表示求 64 的平方根。（　　）
7. 在 Excel 中，数据透视表可用于对数据清单或数据表进行数据的汇总与分析。（　　）
8. 在 Excel 中，数据透视图可用于查看数据的预测趋势和动态变化。（　　）
9. Excel 的外部数据库是数据透视表中数据的来源之一，其外部数据库是指在其他程序中建立的数据库。（　　）
10. 数据透视表和一般工作表一样，可在单元格中直接输入数据或变更其内容。（　　）
11. 原始数据清单中的数据变更后，数据透视表的内容也随之更新。（　　）
12. 在采用 Excel 建立的数据管理系统中可以采用数据透视表分析数据。（　　）
13. 数据透视表通过使用报表筛选，可以集中关注报表中数据的子集，通常是产品线、时间范围或地理区域。数据透视表中的页字段，按页显示数据，并允许一次查看一项数据（例如，一个国家或地区），或者一次查看所有项。所以，报表筛选和页字段二者实质上是一

样的。( )

14．当某现象呈左偏态（负偏态）分布时，下列平均指标之间的关系是：平均数＞中位数＞众数。( )

15．不论数据的分布是否有明显的集中趋势或最高峰点，众数都存在。( )

16．Excel 提供了一组数据统计分析工具，称为"分析工具库"，包括描述性统计、相关系数、回归分析等。( )

四、应用题

1．根据美国航空运输协会的报告，按照客运量，Delta 航空公司近年来位居美国航空业第一名。前 5 名公司分别为 Delta、联合航空公司、美洲航空公司、美国航空公司及西南航空公司。这 5 家航空公司的客运量（以千人次为单位）如表 11-1 所示，试使用饼图显示这些数据。

表 11-1　近年来美国 5 家航空公司的客运量

航空公司	乘客数据
Delta	103 133
联合航空公司	84 203
美洲航空公司	81 083
美国航空公司	58 659
西南航空公司	55 946

2．某班 40 名学生"Excel 统计分析与决策"的成绩如图 11-1 所示。学校规定：60 分以下为不及格，60～69 分为及格，70～79 分为中，80～89 分为良，90～100 分为优。

68	89	88	84	86	87	75	73	72	68
75	82	97	58	81	54	79	76	95	76
71	60	90	65	76	72	76	85	89	92
64	57	83	81	78	77	72	61	70	81

图 11-1　考试成绩

（1）将成绩按从低分到高分排序。

（2）试使用 Excel 工作表，将该班学生考试成绩分为不及格、及格、中、良、优 5 组，编制频数分布表和绘制相应的直方图。

（3）试用正态分布图分析本班学生的考试情况。

3．甲、乙两个单位各派 10 名选手参加一场知识竞赛，其书面测试成绩如表 11-2 所示。用 Excel 对上述数据进行描述统计与分析。

表 11-2　知识竞赛成绩

甲单位	96	86	87	78	95	76	93	92	93	68
乙单位	89	86	95	96	91	93	94	88	91	86

4. A 公司是一家小型软件公司，主要有三个部门：综合部、技术部和市场部。员工为 12 名，主要有三种职务类别：管理人员、技术人员和营销人员。2008 年 1 月 A 公司职工的基本工资信息与出勤情况如表 11-3 所示。

试使用 Excel 工作表，建立如下数据透视表，对数据进行汇总分析。

(1) 计算各部门每一职工类别基本工资的汇总数；

(2) 计算各部门每一职工类别基本工资的平均数；

(3) 计算各部门每一职工类别基本工资汇总数占基本工资总和的百分比。

表 11-3　2008 年 1 月 A 公司职工基本工资信息与出勤情况表

职工代码	职工姓名	性别	年龄	部门	工作岗位	职工类别	事假	病假	基本工资
101	赵越	男	43	综合部	总经理	管理人员	2		3000
102	钱红	女	32	综合部	会计主管	管理人员		3	2500
103	孙彤	女	25	综合部	出纳	管理人员			1500
201	李鹏	男	38	技术部	经理	管理人员	1	4	2800
202	周默	男	36	技术部	开发员	技术人员			2500
203	吴起	男	30	技术部	开发员	技术人员	5		2200
204	郑州	女	26	技术部	开发员	技术人员			1800
205	王湃	男	24	技术部	开发员	技术人员		8	1500
301	冯亦	男	41	市场部	经理	管理人员			2700
302	陈秀	女	36	市场部	营销员	营销人员			2200
303	楚山	男	28	市场部	营销员	营销人员	3		2200
304	魏峨	男	25	市场部	营销员	营销人员		3	1500

5. 某厂一车间 30 名职工工资收入未分组的原始资料如图 11-2 所示（单位：元）。

1320	1400	1420	1430	1460	1380	1350	1400
1430	1510	1420	1390	1350	1420	1470	1430
1420	1390	1360	1420	1470	1430	1420	1380
1390	1460	1480	1440	1420	1380		

图 11-2　工资总额

(1) 试用 Excel 求算术平均数、调和平均数、几何平均数、众数、中位数、全距、四分位距、方差和标准差。

(2) 试用 Excel 描述统计性分析工具计算各统计指标。

6. 现有某企业工人的工资资料如表 11-4 所示（单位：元）。

表 11-4　某企业 2005 年上、下半年工人工资情况表

级别	2005 年上半年				2005 年下半年			
	工人数	比重	工资总额	平均工资	工人数	比重	工资总额	平均工资
技术工人	250	25	350 000	1400	225	15	326 250	1450
非技术工人	750	75	600 000	800	1275	85	1 083 750	850
合计	1000	100	950 000	950	1500	100	1 400 000	940

从表 11-4 中的资料可以看出，2005 年上半年全部工人的平均工资为 950 元，下半年为 940 元，下半年比上半年减少了 10 元，能否判定工人的工资水平下降了呢？

从表中各组工人的工资水平来看，技术工人和非技术工人的平均工资都提高了 50 元。那么，为什么总平均工资反而下降了呢？

用 Excel 分别计算技术工人、非技术工人 2005 年各自的平均工资，以及某企业技术工人和非技术工人 2005 年全年的总平均工资。

7. 肥皂公司间的竞争。

自 1879 年宝洁公司推出象牙牌香皂以来，它一直是美国首屈一指的香皂制造商。但是，在 1991 年年末，它的竞争者联合利华取代了宝洁行业老大的位置，抢占了 16 亿美元的个人香皂市场 31.5% 的市场份额，而宝洁的市场份额为 30.5%。自从联合利华在 1895 年推出 Lifebuoy 香皂进入香皂市场以来，它一直在关注宝洁的动向。在 1990 年，联合利华推出了它的新产品 Lever2000，适合整个家庭使用。由于香皂市场被细分为儿童用香皂、男士香皂和女士香皂，这就为该产品的推出创造了条件。联合利华认为开发家庭中每一个成员都能使用的香皂产品会有市场。消费者对此反映非常强烈。1991 年，Lever2000 的销售额就达到了 1.13 亿美元，在个人香皂的销售战中，联合利华第一次走在了宝洁前面。虽然宝洁公司香皂的销售数量还是位居第一，但是联合利华的产品定价更高，因此它的总销售额最大。

不用说，宝洁公司很快就对 Lever2000 的成功做出了反应。宝洁公司选择了几个可能的战略，包括为被视为男用香皂的舒肤佳重新定位。

最终，宝洁公司面对挑战，推出了玉兰油滋润沐浴香皂，在该产品推向全国销售的第一年，用于媒介宣传的资金 400 万美元。新的沐浴香皂极其成功，帮助宝洁重新夺回了失去的市场份额。

1999 年美国排名前 10 位的日用香皂的销售额如表 11-5 所示。这些香皂都是由 4 大厂商所生产的：联合利华、宝洁、Dial 及高露洁-棕榄。

表 11-5 1999 年美国排名前 10 位的日用香皂的销售额

品 牌	制 造 商	销售额/百万美元
所芬	联合利华	271
Dial	Dial	193
Lever2000	联合利华	138
爱尔兰春天	高露洁-棕榄	121
激爽	宝洁	115
象牙	宝洁	94
Garess	联合利华	93
玉兰油	宝洁	69
舒肤佳	宝洁	48
Coast	宝洁	44

1983 年，香皂市场份额分布为：宝洁占 37.1%，联合利华占 24%，Dial 占 15%，高露洁-棕榄占 6.5%，其他厂商占 17.4%。到 1991 年，香皂市场份额分布为：联合利华占 31.5%，宝洁占 30.5%，Dial 占 19%，高露洁-棕榄占 8%，其他厂商占 11%。试讨论：

(1) 假设你正在为宝洁公司及其他公司 1983 年、1991 年及 1999 年的市场份额做分析报告。利用 Excel 工作表,画出每一年的个人香皂市场的市场份额图。假设 1999 年所有其他厂商的销售额为 1.19 亿美元,研究图形中关于不同公司的市场份额,你能观察到什么?特别是与以前年度相比,宝洁公司的表现如何?

(2) 假设宝洁公司每年大约卖出 2000 万块香皂,但需要并不稳定,该公司的生产经理想更好地掌握该年度香皂销售的分布情况。假设表 11-6 给出的以百万块为单位的销售数字代表该年中香皂每周的销售数量。用柱形图表示这些数据。从图中你能得到什么有助于生产及销售人员的信息?

表 11-6 香皂全年每周销售数量表(单位:百万块)

1	2	3	4	5	6	7	8	9	10	11	12	13
17.1	20.6	14.7	20.3	20.3	20.7	22.8	30.6	26.6	19.6	18.4	17.1	15.5
14	15	16	17	18	19	20	21	22	23	24	25	26
17.5	21.3	21.4	25.2	24.3	15.4	20	12.2	16.8	17	22.5	24	26.2
27	28	29	30	31	32	33	34	35	36	37	38	39
26.2	17.4	20.9	19.9	19.1	18.3	21.4	25.2	26.9	23.8	15	19.3	18.7
40	41	42	43	44	45	46	47	48	49	50	51	52
20.4	13.6	23.4	26.3	32.8	26.3	18.5	18.2	20.4	15.4	39.8	23.1	23.9

第12章 相关分析与回归分析

一、单选题

1. 相关图又称为( )。
   A. 散布表　　B. 拆线图　　C. 散点图　　D. 曲线图
2. 下列相关系数取值错误的是( )。
   A. -0.86　　B. 0.78　　C. 1.25　　D. 0
3. 如果相关系数 $r=0$,则表明两个变量之间( )。
   A. 相关程度很低
   B. 不存在任何关系
   C. 不存在线性相关关系
   D. 存在非线性相关关系
4. 当所有观测值都落在回归直线上,则两个变量之间的相关系数为( )。
   A. 1
   B. -1
   C. 1 或 -1
   D. 大于 -1 且小于 1
5. 下列回归方程中,肯定错误的是( )。
   A. $y=0.5+9x, r=0.89$
   B. $y=-0.5+9x, r=0.89$
   C. $y=0.5+9x, r=-0.89$
   D. $y=-0.5-9x, r=-0.89$
6. 对不同年份的产品成本拟合的直线方程为 $y=280-1.75t$,回归系数 -1.75 表示( )。
   A. 时间每增加 1 个单位,产品成本平均增加 1.75 个单位
   B. 时间每增加 1 个单位,产品成本平均减少 1.75 个单位
   C. 产品成本每变动 1 个单位,平均需要 1.75 年时间
   D. 时间每增加 1 个单位,产品成本平均增加 1.75 个单位
7. 相关系数的值为 1 时,表明两个变量间存在着( )。
   A. 正相关关系
   B. 负相关关系
   C. 完全相关关系
   D. 不完全相关关系
8. 两个变量间的线性相关关系愈不密切,相关系数 r 值就愈接近( )。
   A. -1　　B. +1　　C. 0　　D. -1 或 +1
9. 相关系数的值越接近 -1,表明两个变量间( )。
   A. 正线性相关关系越弱
   B. 负线性相关关系越强
   C. 线性相关关系越弱
   D. 线性相关关系越强
10. 根据回归方程 $y=a+bx$( )。
    A. 只能由变量 x 去预测变量 y
    B. 只能由变量 y 去预测变量 x

C. 可以由变量 x 去预测变量 y，也可以由变量 y 去预测变量 x

D. 能否相互预测，取决于变量 x 和变量 y 之间的因果关系

11. 研究一个随机变量与一个（或几个）可控变量之间的相关关系的统计方法称为（　　）。
    A. 一元回归分析　　　　　　　B. 多元回归分析
    C. 列联分析　　　　　　　　　D. 回归分析

12. 当自变量的数值确定后，因变量的数值也随之完全确定，这种关系属于（　　）。
    A. 相关关系　　B. 函数关系　　C. 回归关系　　D. 随机关系

13. 测定变量之间相关密切程度的代表性指标是（　　）。
    A. 估计标准误差　　　　　　　B. 两个变量的协方差
    C. 相关系数　　　　　　　　　D. 两个变量的标准差

14. 现象之间的相互关系可以归纳为两种类型，即（　　）。
    A. 相关关系和函数关系　　　　B. 相关关系和因果关系
    C. 相关关系和随机关系　　　　D. 函数关系和因果关系

15. 下列哪两个变量之间的相关程度高？（　　）
    A. 商品销售额和商品销售量的相关系数是 0.9
    B. 商品销售额与商业利润率的相关系数是 0.84
    C. 平均流通费用率与商业利润率的相关系数是 -0.94
    D. 商品销售价格与销售量的相关系数是 -0.91

16. 配合回归直线方程对资料的要求是（　　）。
    A. 因变量是给定的数值，自变量是随机的
    B. 自变量是给定的数值，因变量是随机的
    C. 自变量和因变量都是随机的
    D. 自变量和因变量都不是随机的

17. 估计标准误差说明回归直线的代表性，因此（　　）。
    A. 估计标准误差数值越大，说明回归直线的代表性越大
    B. 估计标准误差数值越大，说明回归直线的代表性越小
    C. 估计标准误差数值越小，说明回归直线的代表性越小
    D. 估计标准误差数值越小，说明回归直线的实用价值越小

18. 相关关系是（　　）。
    A. 现象之间，客观存在的依存关系
    B. 现象之间客观存在的，关系数值是固定的依存关系
    C. 现象之间客观存在的，关系数值不固定的依存关系
    D. 函数关系

19. 两个变量间的相关关系称为（　　）。
    A. 单相关　　　B. 无相关　　　C. 复相关　　　D. 多相关

20. 回归估计的估计标准误差的计算单位与（　　）。
    A. 自变量相同　　　　　　　　B. 因变量相同
    C. 自变量及因变量相同　　　　D. 相关系数相同

21. 回归估计标准误是反映(　　)。
    A. 平均数代表性的指标　　　　B. 序时平均数代表性的指标
    C. 现象之间相关关系的指标　　D. 回归直线代表性的指标

二、填空题

1. 在相关关系中,把具有因果关系相互联系的两个变量中起影响作用的变量称为_____,把另一个说明观察结果的变量称为因变量。

2. 现象之间的相关关系按相关的程度划分有_____相关、零相关和负相关。

3. 完全正相关的相关系数为_____。

4. 完全负相关的相关系数为_____。

5. 当变量 x 值增加,变量 y 值也增加,这是_____相关关系。

6. 当变量 x 值减少,变量 y 值也减少,这是_____相关关系。

7. 在判断现象之间的相关关系紧密程度时,通常用_____进行一般性判断。

8. 在判断现象之间的相关关系紧密程度时,通常用_____进行数量上的说明。

9. 在回归分析中,两变量不是对等的关系,其中因变量是_____变量。

10. 在回归分析中,两变量不是对等的关系,其中自变量是_____变量。

11. 若商品销售额和零售价格的相关系数为-0.65,据此可以认为,销售额对零售价格具有_____相关关系。

12. 若商品销售额和居民人均收入的相关系数为0.65,销售额与人均收入具有_____相关关系。

13. 当变量 x 按一定数额变动时,变量 y 也按一定数额变动,这时,变量 x 与 y 之间存在着_____关系。

三、判断题

1. 相关关系是指现象之间客观存在的一种十分严格的确定性的数量关系。(　　)

2. 相关关系按变量之间的相关强度不同分为正相关、负相关。(　　)

3. 回归分析要求自变量和因变量都是随机变量。(　　)

4. 回归方程中,回归系数 b 的绝对值大小与变量所用计量单位的大小有关。(　　)

5. 如果估计标准误差为0,说明实际值与估计完全一致。(　　)

6. 根据结果标志对因素标志的不同反映,可以把现象总体数量上的依存关系划分为函数关系和相关关系。(　　)

7. 正相关指的就是因素标志和结果标志的数量变动方向都是上升的。(　　)

8. 只有当相关系数接近于+1或-1时,才能说明两变量之间存在高度相关关系。(　　)

9. 若变量 x 的值减少时变量 y 的值也减少,说明变量 x 与 y 之间存在正的相关关系。(　　)

10. 在相关分析中,要求两个变量都是随机的,在回归分析中,要求两个变量都不是随机的。(　　)

11. 当变量 x 按固定数额增加时,变量 y 按大致固定数额下降,则说明变量之间存在负直线相关关系。(　　)

12. 相关系数数值越大，说明相关程度越高；相关系数数值越小，说明相关程度越低。
（   ）
13. 现象之间的函数关系可以用一个数学表达式反映出来。（   ）
14. 利用最小平方法配合的直线回归方程，要求实际测定的所有相关点和直线上的距离平方和为零。（   ）
15. 产量增加，则单位产品成本降低，这种现象属于函数关系。（   ）
16. 相关系数等于0，说明两变量之间不存在直线相关关系；相关系数等于1，说明两变量之间存在完全正相关关系；相关系数等于－1，说明两变量之间存在完全负相关关系。
（   ）

四、应用题

1. 协方差在 Excel 中可以使用哪个函数计算？
2. 相关系数在 Excel 中可以使用哪个函数计算？
3. 相关系数的取值在什么范围之间？其值的大小说明数据之间的关系如何？
4. 试计算表12-1数据中高等数学成绩与大学英语成绩的协方差与相关系数。

表12-1　高等数学与英语成绩

学　号	1	2	3	4	5	6	7	8	9	10
高等数学	80	65	90	40	65	85	95	35	75	80
大学英语	90	85	75	50	70	70	60	60	60	95

5. 试计算表12-2公务员考试成绩当中，总分与申论成绩之间的的协方差与相关系数。

表12-2　公务员考试成绩

考　号	1	2	3	4	5	6	7	8	9	10
总分	113	142	143	153	153	158	160	160	165	171
申论	47	49	38	51	46	44	60	41	50	53

6. 试对表12-3中 x 与 y 的数据进行一元线性回归分析。

表12-3　一元线性回归

x	0.1	0.3	0.4	0.5	0.6	0.7	0.8	0.9
y	15.2	17.8	18.1	20.8	22.3	23	23.7	25

7. 试对表12-4中建筑面积、卧室数量与价格的数据进行多元回归分析。

表12-4　多元线性回归

建筑面积/m² X_1	85	92	95	120	140	160	165	170
卧室数量 X_2	2	2	2	3	3	3	4	4
售价/万元 Y	65	73	85	87	98	105	125	128

8. 试对表 12-5 中的产量与利润数据进行非线性回归分析(提示:对数回归)。

表 12-5 非线性回归

产量/台	4730	6390	7410	8240	9560	10 719	11 870
利润/万元	14.7	50.1	62.1	70.6	78.1	82	84.1

第13章 时间序列分析

一、单选题

1. 用 $X_t, X_{t-1}, X_{t-2}, \cdots, X_{t-n+1}$ 表示截止到 t 时刻的 n 个观察值序列,则 $t+1$ 时刻的预测值用简单移动平均法可以表示为( )。

    A. $(X_t+X_{t-1}+X_{t-2}+\cdots+X_{t-n+1})/n$

    B. $(X_t+X_{t-1}+X_{t-2}+\cdots+X_{t-n+1})/(n+1)$

    C. $(X_t+X_{t-1}+X_{t-2}+\cdots+X_{t-n+1})/(n-1)$

    D. $(X_t+X_{t-1}+X_{t-2}+\cdots+X_{t-n+1})*n$

2. 简单移动平均法计算时使用到的 Excel 公式是( )。

    A. IF   B. COUNT   C. AVERAGE   D. PMT

3. 用 $X_t, X_{t-1}, X_{t-2}, \cdots, X_{t-n+1}$ 表示截止到 t 时刻的 n 个观察值序列,$W_t, W_{t-1}, W_{t-2}, \cdots, W_{t-n+1}$ 表示对应的权重,则 $t+1$ 时刻的预测值用加权移动平均法可以表示为( )。

    A. $(X_t+X_{t-1}+X_{t-2}+\cdots+X_{t-n+1})/(W_t+W_{t-1}+W_{t-2}+\cdots+W_{t-n+1})$

    B. $(X_t+X_{t-1}+X_{t-2}+\cdots+X_{t-n+1})/n$

    C. $(X_tW_t+X_{t-1}W_{t-1}+X_{t-2}W_{t-2}+\cdots+X_{t-n+1}W_{t-n+1})/(W_t+W_{t-1}+W_{t-2}+\cdots+W_{t-n+1})$

    D. $(W_t+W_{t-1}+W_{t-2}+\cdots+W_{t-n+1})/(X_t+X_{t-1}+X_{t-2}+\cdots+X_{t-n+1})$

4. 加权移动平均法的计算中,以下哪个不是确定权重的方法?( )

    A. 经验法   B. 试算法

    C. 综合使用 A,B 方法   D. 随机法

5. 在使用移动平均线进行股票价格分析时,以下哪个不是常用的移动平均线?( )

    A. 短期移动平均线(5 天)   B. 即时移动平均线(1 天)

    C. 中期移动平均线(60 天)   D. 长期移动平均线(200 天)

6. 利用 Excel 数据图表功能绘制股价 K 线图来分析股票数据,选择的图表类型是( )。

    A. 盘高-盘低-收盘图   B. 开盘-盘高-盘低-收盘图

    C. 成交量-盘高-盘低-收盘图   D. 成交量-开盘-盘高-盘低-收盘图

7. 用 X_t 表示 t 期的观察值,α 表示平滑系数,$0<\alpha<1$,则指数平滑法的基本公式可以展开成( )。

    A. $\alpha X_t+\alpha(1-\alpha)X_{t-1}+\alpha(1-\alpha)^2 X_{t-2}+\cdots+\alpha(1-\alpha)^{n-1}X_{t-n+1}$

B. $(X_t+X_{t-1}+X_{t-2}+\cdots+X_{t-n+1})/\alpha$

C. $(\alpha X_t+\alpha X_{t-1}+\alpha X_{t-2}+\cdots+\alpha X_{t-n+1})/(1-\alpha)$

D. $(X_t+X_{t-1}+X_{t-2}+\cdots+X_{t-n+1})/\alpha(1-\alpha)$

8. 在指数平滑法的计算中,为了对初始设置的 α 进行修正,需要用到的函数是(　　)。

　　A. SUMXMY2　　B. AVERAGE　　C. CORREL　　D. COVAR

9. 趋势预测法常用的基本预测模型不包括(　　)。

　　A. 多项式曲线预测模型　　　　B. 指数曲线预测模型

　　C. 对数曲线预测模型　　　　　D. 神经网络预测模型

10. 趋势预测法不适用于以下哪个场合?(　　)

　　A. 某一生命周期中的商品销量数据

　　B. 人口增长数据

　　C. 某种生物繁殖数量数据

　　D. 婴儿出生性别预测

11. 为了观察时间序列的数据分布情况,对观测值生成"散点图"的操作,对图表中的数据右击,在弹出的快捷菜单中选择(　　)命令来观察其可能与哪种曲线拟合较好。

　　A. 更改系列图表类型　　　　B. 选择数据

　　C. 添加趋势线　　　　　　　D. 添加数据标签

12. Excel 中进行多项式拟合所提供的最高阶多项式是(　　)。

　　A. 5 次　　B. 6 次　　C. 7 次　　D. 8 次

13. 时间序列在一年内重复出现的周期性波动称为(　　)预测法的预测结果可以直观地反映出时间增长率。

　　A. 趋势　　B. 季节性　　C. 周期性　　D. 随机性

14. 某一项待分析的数据有着比较稳定的相对时间的增长率,那么使用(　　)曲线预测模型比较合适。

　　A. 多项式　　B. 线性　　C. 指数　　D. 对数

15. 使用不同的预测模型进行趋势预测时,不同的模型拟合后 R 平方值如下所示,则(　　)的预测值与观测值拟合的效果较好。

　　A. 0.2　　B. 0.8　　C. 0.95　　D. 0.1

16. 使用股票趋势分析法时,(　　)不是常用辅助线。

　　A. 趋势线　　B. 支撑线　　C. 阻力线　　D. 抛物线

17. Excel 提供的趋势线类型不包括(　　)。

　　A. 指数　　B. 多项式　　C. 对数　　D. 正弦函数

18. 为了将不能够定量处理的变量量化,从而对周期性变化进行预测,可以加入(　　)。

　　A. 哑元变量　　B. 因变量　　C. 自变量　　D. 静态变量

19. Excel 中直接对两组数据进行线性回归拟合的工具函数是(　　)。

　　A. AVERAGE　　B. IF　　C. TREND　　D. COUNT

20. Excel 中直接对成组数据进行操作的函数称为数组函数,这种函数在函数参数输入完成后,需要按住(　　)键,单击"确定"按钮来完成计算。

　　A. Shift+Ctrl　　B. Ctrl+Alt　　C. Shift+Space　　D. Alt+Space

二、填空题

1. 时间序列分析的两个要素是：_____要素和数据要素。
2. _____法是用一组最近的观察值序列的均值来预测未来一期或几期某个随机变量值的方法。
3. 移动平均法根据预测时各元素的权重不同,可以分为简单移动平均和_____移动平均。
4. 按照发生的时间先后顺序把随机事件变化发展的过程记录下来就构成了一个_____。
5. 加权移动平均法的计算中,各观察值的权重之和等于_____。
6. 在指数平滑法的计算公式中,平滑系数以_____形式递减,故称为指数平滑法。
7. 使用 Excel 进行指数平滑法的计算中,需要逐步调整 α 的值,使得预测值与观察值的误差尽可能的_____。
8. 使用 Excel 提供的趋势线函数拟合观测值,可以在图表中显示 R 平方值。该值越接近_____,则曲线拟合的效果越好,数据点的分布与这种函数的曲线越接近。
9. Excel 进行多项式预测时,多项式次数不超过 6 次的原因是因为次数过高时有可能会发生_____错误。
10. 实际生活中,有些数据是呈现周期性波动变化的(例如冰激凌的销售量),这种时间序列分析属于_____变动分析与预测。

三、判断题

1. 简单移动平均法认为观察值序列中各元素具有不同的地位。作用不同,对观测值的影响不同。（ ）
2. 移动平均法适用于待预测的随机变量在短期内发生剧烈变化的场合。（ ）
3. 使用移动平均法进行时间序列分析时,n 的值总是越大越好。（ ）
4. 移动平均法可以有效地消除预测中的随机波动。（ ）
5. 为了消除观测数据波动的影响,简单移动平均法的 n 值可取任意值。（ ）
6. 简单移动平均法的 n 值取得大,虽然可以消除波动的影响,但同时会掩盖上升或下降的趋势。（ ）
7. 加权移动平均法通过赋予较近的观测值较大的权重,来反映较新的数据对当前的数据影响较大。（ ）
8. 加权移动平均法设置不同的加权系数,对于预测结果没有影响。（ ）
9. 加权移动平均法将远离预测值的观察值给予较低的权重。（ ）
10. 指数平滑法中,平滑系数 α 越接近 1,过去的观察值对于预测值的影响程度下降越快。（ ）
11. 指数平滑法中,新数据给予较小的权重,旧数据给予较大的权重。（ ）
12. 指数平滑法中,所有的旧数据都会对预测值产生影响,区别在于影响的大小不同。（ ）
13. 趋势预测法假定事物发展的过程没有跳跃式变化,一般属于渐进变化。（ ）
14. 一般而言,多项式曲线的预测的拟合效果要好于移动平均法。（ ）

15. 趋势预测法可以看成是回归分析在时间-数量关系领域的一个应用。（　　）

16. 回归分析使用的理论、方法和工具都不能应用在趋势预测中。（　　）

17. 通过绘制股票价格 K 线图,发现股市跌破某一支撑线。从操作角度说,应该卖出股票,出场观望。（　　）

18. 只要严格按照 K 线图等技术手段进行股市分析,就一定能在股市中赢利。（　　）

19. 所谓哑元变量,就是在周期变动分析中完全不起作用的变量。（　　）

20. 哑元变量一般取 0 或 1 的值。（　　）

四、应用题

1. 简单移动平均法用到哪个 Excel 函数?

2. 在指数平滑法中,计算 MSE 需要计算两数组中对应数值之差的平方和时,可以使用哪个 Excel 函数?

3. 常见的趋势预测模型有哪几种?

4. 哪些情况适合使用周期变动预测?

5. 表 13-1 中的数据为 1990—2012 年全国能源生产总量(单位是万吨标准煤,数据由国家统计局网站公布)的数据,请根据此数据完成以下计算,并在百度上查找 2013 年的真实值进行预测效果比较。

表 13-1　全国能源生产总量

年　份	生产总量/万吨标准煤	年　份	生产总量/万吨标准煤
1990	103 922	2002	150 656
1991	104 844	2003	171 906
1992	107 256	2004	196 648
1993	111 059	2005	216 219
1994	118 729	2006	232 167
1995	129 034	2007	247 279
1996	133 032	2008	260 552
1997	133 460	2009	274 619
1998	129 834	2010	296 916
1999	131 935	2011	317 987
2000	135 048	2012	331 848
2001	143 875	2013	

(1) 分别用 $n=2,3,4$ 的简单移动平均法预测 2013 年的值。

(2) 分别用 $W_t=0.7, W_{t-1}=0.2, W_{t-2}=0.1$ 以及 $W_t=0.6, W_{t-1}=0.25, W_{t-2}=0.15$ 的加权移动平均法预测 2014 年的值。

(3) 根据 2013 年的真实值说明 n 的大小与实际观察值的关系。

6. 表 13-2 是某工厂 2012 年 1 月至 2013 年 12 月生产轴承的数量(单位:个)。请利用 Excel 工作表建立指数平滑模型预测 2014 年 1 月的轴承生产数量。

表 13-2 某工厂生产轴承统计表

年　　月	销量/台	年　　月	销量/台
2012.1	538	2013.1	779
2012.2	1076	2013.2	553
2012.3	600	2013.3	553
2012.4	637	2013.4	671
2012.5	690	2013.5	703
2012.6	651	2013.6	631
2012.7	611	2013.7	625
2012.8	635	2013.8	611
2012.9	627	2013.9	647
2012.10	657	2013.10	664
2012.11	625	2013.11	650
2012.12	596	2013.12	682

7. 表 13-3 中的数据为某商场空调的销售数量数据，从中可以看到，在第一季度（冷天）和第三季度（热天）的销售数量比较高，属于典型的周期变动序列，试使用哑元法进行下一年度每一季度的销量预测。

表 13-3 空调销售数据

年　份	季　度	销量/台	年　份	季　度	销量/台
2008	一	330	2011	一	390
	二	310		二	330
	三	370		三	443
	四	300		四	366
2009	一	378	2012	一	400
	二	352		二	328
	三	408		三	470
	四	341		四	380
2010	一	384	2013	一	411
	二	329		二	344
	三	430		三	501
	四	350		四	397

第2篇 习题解答

第1章　计算机硬件组装与维护

一、单选题

1. C　　2. A　　3. B　　4. A　　5. A
6. A　　7. A　　8. C　　9. D　　10. A
11. C　　12. A　　13. D　　14. C　　15. C

二、填空题

1. 运算器、控制器

2. 阴极射线管、液晶、CRT、LCD

3. 分辨率、刷新率、点距、响应时间

4. AOC、三星、飞利浦、优派、LG、明基、Dell、惠普（只需要填写4项即可）

5. USB 闪存盘（USB Flash Disk）、USB 接口

6. 点阵式打印机、喷墨打印机、激光打印机

7. CPU 脚座斜角

8. 方便 CPU 散热

9. 相同

10. 硬件、软件、主机、外设、系统软件、应用软件

11. CPU、内存条、主板、显卡、硬盘、电源、声卡、光驱（只需要填写5项即可）

12. 串行传输方式

13. 多个部件间的公共连线，用于在各个部件之间传输信息

14. 分辨率、打印速度、最大幅面

15. 华硕、技嘉、富士康、DFI、升技、七彩虹、微星、映泰、昂达（只需要填写5项即可）

16. 中央处理器

17. Intel、AMD

18. 一个处理器芯片上有两个中央处理器

19. 只读存储器、随机存取存储器

20. 要与 CPU 和主板搭配，先满足容量需求，再考虑速度问题，尽量使用单条容量大的内存

21. IDE（ATA 并口）接口、SATA（串口）接口、SCSI 接口、USB 接口和 IEEE 1394 接口（只需填写两项即可）

22. 容量、缓存、传输速率、转速和平均寻道时间（只需填写3项即可）

23. 希捷、三星、迈拓、西部数据、富士通、日立、东芝、海盗船、创见、威刚（只需填写4项即可）

24. 防止人体所带静电对电子器件造成损伤:在安装前,先消除身上的静电,比如用手摸一摸自来水管等接地设备;如果有条件,可佩戴防静电环,对各个部件要轻拿轻放,不要碰撞,尤其是硬盘。安装主板一定要稳固,同时要防止主板变形,不然会对主板的电子线路造成损伤

25. 电源的开关、机箱喇叭、复位开关、硬盘指示灯、电源指示灯

26. 控制器、运算器、存储器、输入设备、输出设备

27. 数据总线、地址总线、控制总线

28. 计算机硬件、计算机软件

29. 主板的速度、稳定性、兼容性、扩充能力、升级能力(只需填写 3 项即可)

30. 屏幕尺寸、像素点距、分辨率、刷新频率、宽高比、灰度和色彩深度、扫描方式和控制方式(只需填写 4 项即可)

三、判断题

1. × 2. √ 3. × 4. × 5. √
6. √ 7. √ 8. √ 9. × 10. ×

四、简答题

1. 常用的输入设备有键盘、鼠标、扫描仪、条码阅读器、数码相机、话筒、摄像头等,常用的输出设备有显示器、打印机等。

2. 名词解释。

(1) BIOS:Basic Input/Output System(基本输入输出系统)。

(2) IDE:Integrated Device Electronics(集成设备电子部件)。

(3) USB:Universal Serial Bus(通用串行总线)。

(4) CPU:Central Processing Unit(中央处理器)。

(5) VGA:Video Graphics Array(视频图形阵列)。

(6) MODEM:Modulator/Demodulator(调制解调器)。

(7) 硬件系统:是指构成计算机系统的物理实体,主要由各种电子部件和机电装置组成。硬件系统的基本功能是接收计算机程序,并在程序的控制下完成数据输入输出等任务。

(8) 软件系统:是指为计算机运行提供服务的各种计算机程序和全部技术资料。软件系统的任务是保证计算机硬件的功能得以充分发挥,并为用户提供一个直观、方便的工作环境。

(9) 像素点距:是指屏幕上两个相邻像素点的距离,点距越小,显示器显示图形越清晰,点距越小意味着单位显示区内可以显示更多的像素点。

(10) 分辨率:是指屏幕上可以容纳像素的个数,分辨率越高,屏幕上能显示像素个数也就越多,图像也就越细腻,能够显示的内容就越多。

(11) 刷新频率:是指每秒刷新屏幕的次数。刷新频率分为垂直刷新频率和水平刷新频率。垂直刷新频率也称场频,表示屏幕图像每秒钟重绘的次数,也就是指每秒屏幕刷新的次数,以 Hz 为单位。水平刷新频率又称行频,表示显示器从左到右绘制一条水平线所用的时间,以 kHz 为单位。

(12) 多媒体技术:是指具备综合处理文字、声音、图形、图像等能力的基于计算机技术的一种新型技术,包括数字化信息处理技术、音频和视频处理技术、人工智能和模式识别技

术、通信技术、图形和图像处理技术以及计算机软硬件技术等,是一门跨学科、综合集成、正在发展的高新技术。

(13) 即插即用:微软公司为克服用户因需要调整周边的硬件设定造成的困扰而开发的,是一项用于自动处理 PC 硬件设备安装的工业标准。

3. 硬盘分为机械硬盘和固态硬盘。机械硬盘是指传统普通硬盘,主要由:盘片,磁头,盘片转轴及控制电机,磁头等几个部分组成。固态硬盘是采用固态电子存储芯片阵列而制成的硬盘。固态硬盘在接口的规范和定义、功能及使用方法上与普通硬盘的完全相同,在产品外形和尺寸上也与普通硬盘一致。和传统机械硬盘相比,固态硬盘在存储速度、防震抗摔上具有绝对优势,功耗低,重量轻,没有噪声。但固态硬盘价格偏高,使用寿命受限,约 10 万次擦写寿命。如果采用低廉 Flash 存储芯片,擦写次数只有 1 万次左右。

4. 计算机主板的基本组成部分有 BIOS 芯片、I/O 控制芯片、键盘接口、面板控制开关接口、指示灯插件、扩充插槽、主板即插卡的直流电源供电插座等。

5. 计算机的存储系统由内存、外存、Cache 三部分组成。

计算机内部的存储器简称内存,计算机外部的存储器简称外存。

内存储器从功能上可以分为读写存储器 RAM、只读存储器 ROM 两大类。

计算机的外存储器一般有硬盘、CD ROM、可擦写光驱即 CD RW 光驱,还有 USB 接口的移动硬盘、光驱或可擦写电子硬盘(U 盘)等。

6. 一般计算机问题都是软件问题,硬件问题很少,所以首先从软件排除。对于软件问题可以根据出错的提示进行修复,如果无法解决则重新安装操作系统或恢复系统。对于硬件问题,则首先确定问题的源头,可以在开机的时候留心听,看是否有开机自检通过的"滴"的一声,要是没有就确定是硬件问题。如果用"硬件检测卡",可以用它查找需要修理的硬件,或者是用"替换法"寻找错误的部件。由于硬件质量方面的问题是很少的,所以一般将硬件表面的灰尘除去,重新插拔硬件和清洗金手指等处理就可以解决问题。

7. 引起计算机系统不稳定的因素有电源不稳定、环境温度和湿度过高,附近的强磁场、高频电磁波,灰尘过多;还有系统有病毒、硬件兼容性不好(例如主板和内存不兼容)、机箱内部散热不好、驱动程序与硬件不兼容等。

8. 首先,在接通后开始进行硬件系统的自检,若自检通过则会有"滴"的一声,如果没有就说明自检没有通过,或者有长短不一"滴"声,则说明硬件有问题;其次,在自检过后,开始对硬盘上的信息进行读取,读取相关的分区信息等;再次,开始运行系统文件,加载相关外部设备驱动;最后,进入系统,也就是操作系统界面。

9. 对系统的维护一般都是在一个月进行一次,首先对一些不用的软件进行卸载,然后查看是否有最新的升级补丁,接着是查毒,卸载一些流氓软件,清理注册表,对一些重要的文件进行备份,然后整理硬盘空间,对系统进行一次全面的优化。

10. 计算机系统由硬件系统和软件系统两大部分组成。

硬件系统包括控制器、运算器(二者统称为 CPU)、存储器(分为内存和外存,外存有硬盘、光盘)、输入设备(主要有键盘和鼠标)、输出设备(有显示器和打印机)。

软件系统包括系统软件(有操作系统、语言处理、数据库)和应用软件(科学计算、文字处理、辅助设计等)。

11. 选购显示器时应考虑的因素如下:

(1) 分辨率。分辨率越高越清晰。
(2) 适当的屏幕尺寸。
(3) 刷新频率。如果是 CRT 显示器，则需要 75Hz 或更高的刷新频率，以免图像抖动。
(4) 屏幕形状。
(5) 像素点。点距的重要性在于它决定了屏幕上能容纳多少像素，也就决定了能够清晰显示的最高分辨率。
(6) 操作与控制方式。
(7) 省电及环保功能。购买的显示器应该至少符合基本的电源管理和电磁辐射标准。
(8) 品质检查。

第 2 章 计算机软件安装与维护

一、单选题
1. C   2. A   3. D   4. A   5. B
6. B   7. C   8. B   9. B   10. C
11. D 12. C 13. C 14. D 15. B
16. A 17. D 18. D 19. B 20. C
21. A 22. C 23. A 24. B 25. C
26. B 27. A 28. B 29. D 30. D
31. C 32. A

二、多选题
1. ABC   2. ACD   3. AC   4. AC   5. AD
6. AB   7. BD   8. ACD 9. ABC 10. ACD

三、判断题
1. √   2. √   3. ×   4. ×   5. √
6. √   7. √   8. √   9. √   10. √
11. √ 12. ×

四、简答题

1. 计算机软件分为系统软件和应用软件。系统软件是为了计算机能正常、高效工作所配备的各种管理、监控和维护系统的程序及其有关资料。通常系统软件主要包括操作系统、语言处理程序、数据库管理系统等,其中操作系统是计算机软件中最基础的部分。更好地发挥计算机硬件的效率和方便用户使用计算机是系统软件的基本任务。

应用软件是为解决各种实际问题而编制的计算机应用程序及其有关资料。应用软件往往都是针对特定用户的需要,利用计算机来解决某方面的任务,如人事档案管理、财务管理等。计算机的作用之所以如此强大,最根本的原因是计算机能够运行各种各样的应用软件。

2. 现在的软件安装已经很简单了,通常有界面友好的安装向导帮助用户一步一步地完成安装。但是,有些时候软件的安装也不是一帆风顺的,一些错误的操作或草率的行为有时会让用户从头开始。下面列出一些常见的软件安装要领。

(1) Windows 7 操作系统安装一般需要在光盘上运行安装程序。

(2) 在安装 Windows 7 或其他应用软件前,应先检查是否有序列号。如果没有序列号,安装可能将无法完成。

(3) 在安装应用软件时,应先用杀毒软件对安装程序进行扫描,确定没有病毒后再执行安装操作。

(4) 安装杀毒软件及防火墙前应断开网络,因为这段时间计算机是最脆弱的。

(5) 在安装新的软件前应关闭当前打开的所有程序,以便减少软件之间的冲突。

3. Windows 8 支持 metro 风格界面,桌面管理与 Windows 7 不同,支持 3D 打印,支持应用程序商店,支持触屏,支持保存文件到 skydrive。但用户反馈不习惯 Windows 8 的桌面管理,Windows 10 恢复了传统 Windows 7 桌面和 Windows 键,支持虚拟桌面、多桌面等。

4. 在安装 Windows 7 操作系统前,应先做好如下准备工作。

(1) 将硬件组装完好的计算机连上电源,并确保系统能够正常自检。

(2) 按下机箱上的电源开关,启动主机,然后根据提示按 Del 键进入 CMOS 设置窗口。在 CMOS 中将光驱设为第一启动盘。

(3) 一张正版的 Windows 7 系统安装盘。

5. 在硬盘分区时,通常先把硬盘分成主分区和扩展分区,然后再把扩展分区进一步划分成多个逻辑分区。

(1) 主分区:主分区可作为引导分区,以便引导系统启动。一般情况下,操作系统安装在主分区内。一个硬盘可以建立 1~4 个主分区,但如果要建立扩展分区,主分区的个数最多只能有三个。

(2) 扩展分区:一个硬盘只能有一个扩展分区,扩展分区不能作为引导系统的分区。扩展分区不能直接存放文件资料,只能将扩展分区划分成逻辑分区才能使用。

(3) 逻辑分区:逻辑分区是从扩展分区进一步划分得到的,可以直接存放文件资料。逻辑分区的个数没有限制,因此,如果硬盘的划分超过 4 个分区,只能采用逻辑分区才能满足要求。

6. 在 Windows 7 系统平台上,安装硬件驱动程序的方式主要有两种。

(1) 直接运行驱动安装程序中的可执行文件(通常是 setup.exe),启动安装向导并根据安装向导提示逐步完成。

(2) 在"设备管理器"中选择硬件,然后再为此硬件安装驱动程序(或者在"控制面板"窗口中双击"添加硬件"图标)。

两种驱动程序的安装方式均较常见,主板和显卡的驱动程序采用第一种安装方式,而声卡和网卡则有时采用第二种安装方式。此外,每安装完一个驱动程序后,若系统提示要重新启动系统,则应立即重新启动系统一次,以便让系统完成安装过程。

7. 虽然不同应用软件的安装步骤有差异,但基本步骤是一致的。下面列出应用软件安装的常见步骤。

(1) 启动开始画面。

(2) 软件使用协议。

(3) 按提示输入软件产品序列号。

(4) 选择安装部件。

(5) 选择安装位置。

(6) 文件复制和注册,这一步时间通常较长(视软件大小而定)。

(7) 提示安装成功。

第3章　网页设计基础

一、单选题

1. C	2. A	3. B	4. D	5. D
6. C	7. C	8. C	9. A	10. B
11. C	12. C	13. A	14. C	15. D
16. D	17. C	18. C	19. B	20. D
21. C	22. D	23. D	24. B	25. B
26. A	27. B	28. C	29. B	30. D

二、多选题

1. AD	2. AC	3. ABCD	4. ABCD	5. ABCD
6. ABCD	7. BCD	8. ABD	9. ABCD	10. AB
11. ACD	12. AD	13. ABD	14. ABCD	

三、填空题

1. Microsoft Internet Explorer、Google Chrome、Apple Safari
2. 申请专线空间、服务器托管、虚拟主机、免费空间
3. FTP 主机域名或 IP 地址、账号名、账号密码
4. F12
5. no-repeat、repeat、repeat-x、repeat-y
6. 相对单位、绝对单位
7. 项目列表、编号列表
8. 代码视图、拆分视图、设计视图、实时视图

四、判断题

1. √	2. √	3. ×	4. √	5. √
6. √	7. √	8. ×	9. √	10. √
11. √	12. ×	13. ×	14. ×	15. ×

五、简答题

1. 网页又称网页文档(英文名是 Web Page),一般由 HTML 文件组成,包含文本、图像、超链接、动画、音频、视频、表格及表单等,位于计算机的特定目录中,其位置可以根据 URL(即统一资源定位器)确定。

浏览器是用于显示网页文件的应用软件。当浏览器打开网页时,逐步解析 HTML 文

件中的内容,并在浏览器中按照 HTML 文件的指定格式将网页的内容显示出来。因此,浏览器和网页之间的关系可以概括为解析和被解析的关系。

2. 当用浏览器上网浏览网页时,浏览器和 Web 服务器将会频繁地进行通信。浏览器和 Web 服务器之间的通信过程,可简单地描述如下。

(1) 启动浏览器,在浏览器的地址栏中输入某网页的 URL(如 http://www.gduf.edu.cn),然后按 Enter 键。

(2) 浏览器将地址栏输入的 URL 作为主要的请求信息,通过网络发送给由 URL 指定的 Web 服务器。

(3) Web 服务器收到来自浏览器的请求后,根据 URL 从 Web 服务器中找到指定的网页,然后将该网页文件作为响应,通过网络传给发送请求的浏览器。

(4) 浏览器接收并显示来自 Web 服务器的网页文件。

3. 构成 HTML 文档基本结构的 HTML 标签主要包括:

(1) <html>…</html>

(2) <head>…</head>

(3) <body>…</body>

编写 HTML 文档的方法(略)。

4. 本地站点是为便于管理站点各类文件资源而创建的一个目录及子目录。

远程站点是本地站点的复制,是存于 Web 服务器上的网页文档及相关文件的集合。远程站点通过 Web 服务器对外提供 Web 服务。

5. Web 站点是由一组网页文件和相关文件(如构成网页的图像、动画等)组成的,这些文件存储在 Web 服务器上,由 Web 服务器管理并对外提供 Web 服务。

站点建设的一般步骤为:

(1) 确定站点主题;

(2) 收集资料;

(3) 制作网页;

(4) 测试;

(5) 申请空间;

(6) 发布;

(7) 网站维护。

6. 背景图像和跟踪图像都是在网页中使用的图像,它们的主要区别如下。

1) 目的不同

背景图像用于美化网页,可以给网页添加一个非常漂亮的图像背景;跟踪图像主要用于网页布局时的参考,在网页设计阶段,可以先用图像设计好网页的基本结构,然后再作为跟踪图像嵌入到网页中,作为网页布局的参考图像。

2) 对图像的要求不同

背景图像通常颜色较浅,并且是很小的 GIF 图像,背景图像可以根据需要在网页中重复排列;为便于参考,跟踪图像通常和将要设计的网页大小一致。

3）最终效果不同

背景图像在网页设计好以后一直可见；跟踪图像在网页设计时可见，在网页浏览时不可见。在网页设计阶段，如果同时使用了背景图像和跟踪图像，则跟踪图像覆盖背景图像。

7．（略）。

8．（略）。

9．（略）。

10．（略）。

第 4 章　使用表格布局网页

一、单选题
1. C　　　2. D　　　3. D　　　4. D　　　5. D
6. A　　　7. A　　　8. C　　　9. C　　　10. B
11. C　　12. D　　13. D　　14. D　　15. B

二、多选题
1. ABCD　2. CD　　3. ABD　　4. ABC　　5. AB
6. ABCD　7. BCD　　8. ABD

三、简答题

1. 表格是网页中的一个非常重要的元素。利用表格一方面可以在网页中非常方便地组织各类信息；另一方面也是网页布局的重要手段之一。利用表格进行网页布局具有操作简单和兼容性好等优点。

利用表格嵌套技术可以在一个表格的单元格嵌入另外一个表格，表格嵌套是制作复杂表格的主要手段。此外，利用嵌套表格布局网页，也是当前网页布局的主要方法。

2. 表格和单元格大小的单位有像素和百分比两种。若设置为"像素"值，其取值通常在 0~1024 范围内；若设置为"百分比"值，其取值在 0~100 范围内。两者的区别在于设置"像素"值时，表格在浏览器中显示的宽度是固定不变的，当浏览器窗口特别小（即其宽度不足以显示一个完整的表格）时，浏览器窗口就会出现水平滚动条；而设置"百分比"值时，表格的宽度随浏览器窗口的大小（如果新建表格嵌入在单元格中，则随单元格的大小）按预先设置的百分比自动调整。

3. （略）。

4. （略）。

第 5 章　创建多媒体网页

一、单选题

1. A　　2. C　　3. B　　4. D　　5. B
6. D　　7. A　　8. C　　9. B　　10. D
11. A　　12. C　　13. D　　14. D　　15. D
16. A

二、多选题

1. ABCDE　　2. CDE　　3. AB　　4. AD　　5. ABD
6. ABD　　7. ACD　　8. ABC　　9. BC　　10. ABC

三、填空题

1. GIF、JPEG、PNG
2. 原始图像（或主图像）、鼠标经过图像（或次图像）
3. 矩形、圆形、多边形
4. Flash 动画、Flv 视频

四、简答题

1. 网页图像的基本类型主要包括 JPEG（联合图像专家组）、GIF（图像交换格式）和 PNG（可移植的网络图形）。

1) JPEG 图像

JPEG 是一种高效率的压缩格式，能够将人眼不易觉察的图像颜色变化删除，以节省存储空间。JPEG 格式通过选择性地去掉图像中的信息来压缩文件，是有损压缩。它比 GIF 格式包含更多类别的颜色，优点是色彩比较逼真，文件也较小。网页中的照片最适合采用 JPEG 格式。

2) GIF 图像

GIF 是一种压缩的 8 位图像文件，广泛用于网络传输。GIF 图像文件中每个像素点最多只有 256 色（即 2^8 色），因此不适合用作照片类的网页图像。GIF 图像文件背景可以设为透明，并且可以将数张图存成一个文件，形成动画效果（即 GIF 动画）。GIF 是第一个支持网页的图像格式，它可以使图像文件变得相当小，在对图像质量（特别是颜色数量）要求不高的场合非常适用，如网页中的 Logo 图像。

3) PNG 图像

PNG 格式是便携网络图像，是一种集 JPEG 和 GIF 格式优点于一身的图片格式。它既有 GIF 能透明显示的特点，又具有 JPEG 处理精美图像的优点，并可以包含图层等信息，用于制作网页图像效果非常理想，目前已逐渐成为网页图像的主要格式。

2. 在网页设计过程中,如果某个位置的图像还没有准备好,为了不影响网页的布局,可以用图像占位符预先设置好图像的位置,然后再用图像文件进行替换。

3. 图像的基本编辑操作包括:

(1) 调整图像大小;

(2) 图像裁剪;

(3) 图像重新取样;

(4) 调整图像的亮度和对比度;

(5) 锐化图像。

4.(略)。

第 6 章　创建网页链接

一、单选题

1. C　　　　2. C　　　　3. D　　　　4. A　　　　5. B
6. D　　　　7. D　　　　8. B　　　　9. A　　　　10. D
11. A　　　 12. B

二、多选题

1. ABC　　　2. ABCDE　　3. ABCD　　　4. AB

三、填空题

1. 文件链接、锚点链接、E-mail 链接
2. 绝对路径、相对路径、根相对路径
3. 链接颜色、变换图像链接、已访问链接、活动链接

四、判断题

1. √　　　　2. √　　　　3. ×　　　　4. √　　　　5. √
6. √　　　　7. √　　　　8. √

五、简答题

1. 绝对路径也称绝对 URL,它给出链接目标文件的完整 URL 地址,包括传输协议在内,如"http://www.macromedia.com/dreamweaver8/contents.html"。如果链接的目标文件不在当前 Web 站点内,必须使用绝对路径。

相对路径也称为相对 URL,是指以当前文件所在位置为起点到目标文档所经过的路径,如"dreamweaver8/contents.html"。若要将当前文件与处在同一文件夹中的另一个文件链接,或者将同一站点中不同文件夹下的文件相互链接,都可以使用相对路径,此时可以省去当前文件与目标文档完整 URL 中的相同部分,只留下不同部分。

根相对路径是指从站点根目录到被链接文件的路径,如"/dreamweaver8/contents.html"。实际上,根相对路径是站点内部的"绝对路径",因此服务器地址加上根相对路径就形成绝对路径了。根相对路径适用于当前网页文档和链接目标端点文件处于相同站点中的情况。

2. 超链接的源端点类型主要有文本、图像和热区三种。

超链接目标端点的类型主要有锚点、E-mail、图像、声音、程序及其他文件等。

3. 首先在网页文档中建立锚点,然后建立超链接并将其目标端点指向这个锚点。

4. (略)。

第7章　使用框架和层布局网页

一、单选题

1. D	2. B	3. B	4. A	5. C
6. B	7. D	8. A	9. C	10. A
11. C	12. B	13. A	14. C	15. C
16. C	17. A	18. B	19. B	20. C
21. B	22. B	23. B	24. C	25. D
26. C	27. C			

二、多选题

1. AC	2. ABCD	3. BCD	4. BC	5. ABC
6. ABCD	7. ACD	8. ABC		

三、判断题

1. √	2. ×	3. √	4. √	5. ×
6. √	7. √	8. ×	9. √	10. ×

四、简答题

1. 框架是网页文档窗口带有边框的矩形区域,是网页文档容器,用于显示一个独立网页文件。

　　框架集是 HTML 文件,它定义一组框架的布局和属性,包括框架的数目、框架的大小和位置以及在每个框架中初始显示的页面 URL。一个含有框架的网页文档必须要有一个框架集文件。

2. 框架集文件本身不包含要在浏览器中显示的内容,只包含框架网页的基本结构和样式,以此规定浏览器如何显示一组框架以及在这些框架中显示哪些网页文档。

3. 使用表格布局网页具有制作简单、兼容性好等特点。

　　使用框架布局网页,浏览者单击框架网页中某个超链接时,浏览器通常不需要重新加载(即重新从 Web 服务器下载)框架中的每个网页,只需重新加载某个框架中的网页,因此可以减少一些不必要的网络传输流量,提高网页的浏览速度。此外,每个框架都具有自己的滚动条,各自可以独立滚动,并且在框架网页重新加载时也互不影响。

　　使用 AP Div 布局网页可以产生许多重叠效果,由于层游离于网页之上,故在布局时,使用 AP Div 布局网页非常自由、灵活。

4. AP Div 的基本操作有调整 AP Div 大小、移动 AP Div、对齐 AP Div、更改 AP Div 的重叠顺序、设置 AP Div 的可见性和删除 AP Div 等。

第 8 章　行为和表单

一、单选题

1. C 　　2. B 　　3. A 　　4. D 　　5. B
6. C 　　7. C 　　8. C 　　9. B 　　10. B
11. C 　　12. C 　　13. C 　　14. D 　　15. C
16. A 　　17. D 　　18. A 　　19. C 　　20. B
21. C 　　22. B 　　23. C 　　24. C 　　25. D
26. B 　　27. C 　　28. D 　　29. C 　　30. C
31. B 　　32. B 　　33. C 　　34. D 　　35. C
36. B 　　37. D 　　38. A

二、多选题

1. ABCD 　　2. AB 　　3. ABCD 　　4. ABCD 　　5. ABC
6. ABCD 　　7. ABC 　　8. ABC

三、简答题

1. 行为是由 JavaScript 脚本语言编写的、能够完成特定任务的，并且按照一定方式运行的一段程序（或脚本）。

事件是浏览者或系统程序在浏览器上执行的一种操作。

动作是对象在受到外界刺激后做出的反应。

2. 事件是在浏览者浏览网页过程中，打开或关闭网页、用鼠标或键盘操作网页时，对网页内容产生的刺激，而网页内容在接收到事件后产生的反应就是动作。事件是因，动作是果。动作和事件一起构成行为。

3. 表单增加了网页的交互性，是浏览者向 Web 服务器发送信息的主要方式。浏览者可以使用诸如"文本框"、"列表框"、"复选框"以及"单选按钮"等表单对象输入信息，单击"提交"按钮后这些信息被发送到 Web 服务器，服务器端程序将完成这些信息的接收和处理。

第 9 章　样式表和模板

一、单选题

1. A　　2. A　　3. C　　4. D　　5. A
6. B　　7. D　　8. D　　9. C　　10. B
11. C　　12. A　　13. D　　14. C　　15. D
16. D　　17. C　　18. D　　19. B　　20. B
21. C　　22. A　　23. C　　24. C　　25. A
26. C　　27. C　　28. C　　29. D

二、多选题

1. ABC　　2. ABCD　　3. AD　　4. ABCD　　5. BCD
6. ABCD　　7. BC　　8. BD　　9. ACD　　10. ABCD
11. ABCD　　12. ABC　　13. ABC

三、判断题

1. √　　2. ×　　3. √　　4. √　　5. ×
6. √　　7. ×　　8. √　　9. √　　10. √

四、简答题

1. 样式表(Cascading Style Sheets,CSS)是为了方便设置网页元素的格式而制定的一系列规则,是对 HTML 功能的补充。

按照样式表保存方式不同,可以分为内联样式表,嵌入式样式表和外部样式表。

1) 内联样式表

使用 style 属性直接把样式表的内容放在标签里面,从而把特殊的样式加入到由标签控制的信息中。由于内联样式表和某一标签混在一起,不能被网页中的其他元素引用,因此内联样式表只适用于为单个标签定义样式表的情况。

2) 嵌入式样式表

使用 style 标签将样式表嵌入在 HTML 文件的头部位置。嵌入式样式表可以在当前网页的任何位置引用。因此,如果要求定义的样式表只能应用于当前网页,可以选择这种类型的样式表。

3) 外部样式表

将样式表保存在一个单独的样式表文件中,文件的扩展名为.CSS。由于外部样式表以文件的方式单独存储,故整个站点中的网页都可以引用到。

根据样式表的作用规则不同,可以分为类样式、标签样式和高级样式。

1) 类样式

类样式以句点(.)开头,并且可以被网页文件中的任何文本块或其他元素引用。例如,可以创建名称为". red"的类样式,设置 color 属性为红色,然后将该样式应用到一部分已定义样式的段落文本中。

2) 标签样式

使用标签样式可以重定义特定标签(如<P>或<H1>标签等)的格式。例如,为<H1>标签创建标签样式,便可以重新定制标签<H1>的格式,网页文档中所有用<H1>标签设置了格式的文本都会立即更新为新的格式。

3) 高级样式

用于重定义特定标签组合的格式或者所有包含特定 ID 属性的标签定义格式。

2. (略)。

3. 网页模板提供了网页内容可重复利用的一种机制,通过模板创建网页一方面可以减少不必要的重复工作;另一方面,也可以让网页设计人员快速制作出一系列风格一致的网页。

4. (略)。

第10章 投资与决策分析

一、选择题

1. D   2. B   3. A   4. C   5. B
6. A   7. C   8. A   9. D   10. D
11. B   12. D   13. C   14. B   15. A
16. C   17. B   18. D   19. B   20. A

二、填空题

1. 数据分析

2. 取整

3. 360

4. 计算方法

5. 贷款本金

6. 总付款期数

7. 0

8. 四舍五入

9. 利率

10. PMT(6.78%/12,120,−1000000)

11. IPMT(7.08%/12,1,240,−150000)

12. 24.15

13. PPMT(6.51%/12,1,60,−80000)

14. CUMIPMT(8.21%/12,240,200000,1,12,0)

15. CUMPRINC(9.01%/12,120,100000,1,12,0)

16. PMT(5.71%/12,96,−130000)

17. IPMT

18. CUMPRINC

19. 30

20. PMT＝IMPT＋PPMT

三、判断题

1. √   2. ×   3. √   4. ×   5. √
6. ×   7. ×   8. √   9. ×   10. √
11. √   12. ×   13. ×   14. ×   15. ×
16. √   17. ×   18. ×   19. √   20. ×

四、应用题

1. 各题计算结果如图 10-1 所示。

	A	B	C
1	贴现率	6.50%	单位：万元
2		项目A	项目B
3	0	-2000	(2000.00)
4	1	200	80.00
5	2	200	94.40
6	3	200	111.39
7	4	200	131.44
8	5	200	155.10
9	6	200	183.02
10	7	200	215.96
11	8	200	254.84
12	9	200	300.71
13	10	2200	2354.84
14	净现值	503.22	309.42
15	显示最优项目	A项目	
16	内部报酬率	10%	9.28%
17	净现值相等处的内部报酬率	-5%	
18	交点处净现值	3847.55	3847.55

B15 单元格公式：=IF(B14>C14,"A项目","B项目")

图 10-1　NPV 和 IRR 函数值

2. 使用规划求解工具。如图 10-2 所示，可变单元格为 G4:G6，目标单元格为 J7，求它的最大值。

	A	B	C	D	E	F	G	H	I	J
1		加工费（元/千克）	售价（元/千克）	原料A	原料B	原料C	产量	原料成本	加工费成本	利润
2	原料成本（元/千克）			2	1.5	1				
3	每月最大供应量（千克）			2000	2500	1200				
4	产品甲	0.5	3.4	60%	20%	20%	3091	5254.55	1545.4545	3709
5	产品乙	0.4	2.85	15%	25%	60%	970	1236.36	387.87879	1139
6	产品丙		0.3	2.25	40%	10%	50%	0	0	0	0
7			合计	2000	860.6	1200		合计		4848

图 10-2　规划求解答案

第 11 章　数据整理与描述性分析

一、选择题

1. A　　2. C　　3. B　　4. D　　5. C
6. D　　7. A　　8. D　　9. B　　10. D
11. B　　12. A　　13. D　　14. D　　15. A
16. A　　17. C　　18. C　　19. C　　20. D

二、填空题

1. 分类

2. 总体

3. 频数或频率

4. 波动情况

5. 频数分布

6. 饼图

7. 数据透视图

8. 平均值、方差

9. 集中趋势

10. AVERAGE(A3:B7,D3:E7)

11. 众数

12. 众数

13. 标准差

14. 右

15. 描述性统计

16. 数据

17. 描述性统计分析

18. 逻辑型

三、判断题

1. √　　2. √　　3. √　　4. ×　　5. √
6. √　　7. √　　8. √　　9. √　　10. ×
11. √　　12. √　　13. √　　14. ×　　15. ×
16. √

四、应用题

1. 航空公司乘客数据饼图如图 11-1 所示。

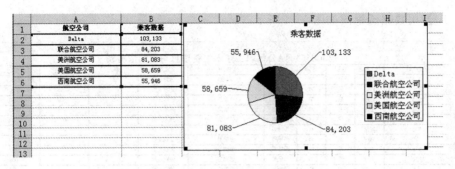

图 11-1　航空公司乘客数据饼图

2. "Excel 统计分析与决策"成绩分析图如图 11-2 所示。

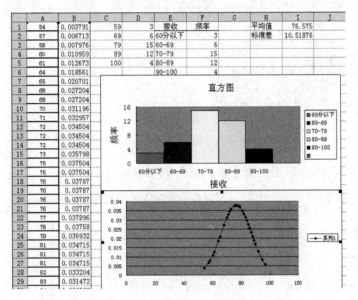

图 11-2　"Excel 统计分析与决策"成绩分析图

3. 甲乙两单位知识竞赛成绩分析图如图 11-3 所示。

	A	B	C	D	E	F	G
1	甲单位	乙单位	甲单位		乙单位		
2	96	89					
3	86	86	平均	86.4	平均	90.9	
4	87	95	标准误差	2.985892757	标准误差	1.139688	
5	78	96	中位数	89.5	中位数	91	
6	95	91	众数	93	众数	86	
7	76	93	标准差	9.442221961	标准差	3.60401	
8	93	94	方差	89.15555556	方差	12.98889	
9	92	88	峰度	-0.21945891	峰度	-1.35403	
10	93	91	偏度	-0.93637659	偏度	-0.0769	
11	68	86	区域	28	区域	10	
12			最小值	68	最小值	86	
13			最大值	96	最大值	96	
14			求和	864	求和	909	
15			观测数	10	观测数	10	
16			最大(1)	96	最大(1)	96	
17			最小(1)	68	最小(1)	86	
18			置信度(95.0%)	6.754558674	置信度(95.0%)	2.578154	

图 11-3　甲乙两单位知识竞赛成绩分析图

4. A 公司数据透视图如图 11-4 所示。

	A	B	C	D	E	F	G	H	I	J
1					2008年1月A公司职工基本工资信息与出勤情况表					
2	职工代码	职工姓名	性别	年龄	部门	工作岗位	职工类别	事假	病假	基本工资
3	201	赵越	男	38	技术部	经理	管理人员	1	4	2800
4	202	钱红	男	36	技术部	开发员	技术人员			2500
5	203	孙彤	男	30	技术部	开发员	技术人员	5		2200
6	204	李鹏	女	26	技术部	开发员	技术人员			1800
7	205	周默	男	24	技术部	开发员	技术人员		8	1500
8	301	吴起	男	41	市场部	经理	管理人员			2700
9	302	郑州	女	36	市场部	营销员	营销人员			2200
10	303	王谢	男	28	市场部	营销员	营销人员	3		2200
11	304	冯亦	男	25	市场部	营销员	营销人员		3	1500
12	101	陈秀	男	43	综合部	总经理	管理人员	2		3000
13	102	茕山	女	32	综合部	会计主管	管理人员		3	2500
14	103	魏峨	女	25	综合部	出纳	管理人员			1500
15										
16	求和项:基本工资	部门				平均值项:基本工资	部门			
17	职工类别	技术部	市场部	综合部	总计	职工类别	技术部	市场部	综合部	总计
18	管理人员	2800	2700	7000	12500	管理人员	2800	2700.00	2333.33	2500.00
19	技术人员	8000			8000	技术人员	2000			2000.00
20	营销人员		5900		5900	营销人员		1966.67		1966.67
21	总计	10800	8600	7000	26400	总计	2160	2150	2333.333333	2200
22										
23	求和项:基本工资	部门								
24	职工类别	技术部	市场部	综合部	总计					
25	管理人员	10.61%	10.23%	26.52%	47.35%					
26	技术人员	30.30%	0.00%	0.00%	30.30%					
27	营销人员	0.00%	22.35%	0.00%	22.35%					
28	总计	40.91%	32.58%	26.52%	100.00%					

图 11-4 A 公司数据透视图

5. 某厂一车间 30 名职工工资分析图如图 11-5 所示。

	A	B	C	D	E	F	G
1	1320		算术平均数	1414.667	AVERAGE	列1	
2	1400		几何平均数	1414.059	GEOMEAN		
3	1420		调和平均数	1413.45	HARMEAN	平均	1414.667
4	1430		众数	1420	MODE	标准误差	7.69734
5	1460		中位数	1414.363	MEDIAN	中位数	1420
6	1380		全距	190	MAX(A1:A30)-MIN(A1:A30)	众数	1420
7	1350		四分位距	40	QUARTILE(A1:A30,3)-QUARTILE(A1:A30,1)	标准差	42.16007
8	1400		方差	1777.471	VAR	方差	1777.471
9	1430		标准差	42.16007	STDEV	峰度	0.132185
10	1510					偏度	-0.01316
11	1420					区域	190
12	1390					最小值	1320
13	1350					最大值	1510
14	1420					求和	42440
15	1470					观测数	30
16	1430					最大(1)	1510
17	1320					最小(1)	1320
18	1390					置信度(95.0%)	15.74283
19	1360						
20	1420						

图 11-5 某厂一车间 30 名职工工资分析图

6. 发生这种矛盾现象的原因是下半年工人的构成发生了变化,工资水平较高的技术工人所占比重从上半年的 25% 下降到 15%,而工资水平较低的非技术工人所占比重则从 75% 上升到 85%,总体平均工资将工人的构成比例变化掩盖了。由此可见,现象内部的结构变化对总平均数的影响很大,仅用总平均数说明问题是不够的,需要用组平均数来补充说明总平均数。

7. 各公司市场份额柱形图如图 11-6 所示。

(1) 从图形中看不同公司的市场份额,可以观察到十几年间个人香皂的市场份额由几家公司各占相应份额到由宝洁公司和联合利华两家公司占有大部分份额。宝洁公司由原来

1983年的占市场最大份额到1999年的占市场第二大份额。

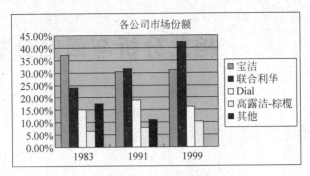

图11-6　各公司市场份额柱形图

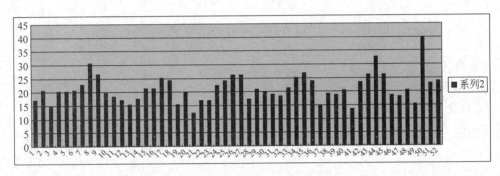

图11-7　年度各周销售量柱形图

（2）从柱形图可以看出，本年度的第50周销售数量最多，其次是第9周和第45周，由此可以帮助生产及销售人员及时调整生产和销售策略，降低库存量，增加利润。

第12章 相关分析与回归分析

一、选择题
1. C   2. C   3. C   4. C   5. C
6. B   7. A   8. C   9. B   10. A
11. B   12. B   13. C   14. A   15. C
16. B   17. B   18. C   19. A   20. B
21. D

二、填空题
1. 自变量
2. 正
3. 1
4. －1
5. 正
6. 负
7. 相关图
8. 相关系数
9. 随机
10. 确定
11. 负
12. 正
13. 线性

三、判断题
1. ×   2. ×   3. ×   4. √   5. ×
6. √   7. √   8. √   9. √   10. ×
11. √   12. ×   13. √   14. ×   15. ×
16. √

四、应用题
1. 协方差计算函数为 COVAR(Array1，Array2)。
2. 相关系数计算函数为 CORREL(Array1，Array2)。
3. 相关系数 ρ 没有单位,在 －1～＋1 范围内变动。其绝对值愈接近 1,两个变量间的直线相关愈密切,愈接近 0,相关愈不密切。相关系数若为正,说明一变量随另一变量增减而增减,方向相同;若为负,表示一变量增加,另一变量减少,即方向相反,但它不能表达直线以外(如各种曲线)的关系。

4. 协方差=111,相关系数=0.416 367。

5. 协方差=25.68,相关系数=0.279 178。

6. $y = 12.569x + 13.982$

7. $y = 0.359x_1 + 11.714x_2 + 16.025$

8. $y = 74.521\ln(x) - 607.359$

第13章 时间序列分析

一、选择题

1. A	2. C	3. C	4. D	5. B
6. D	7. A	8. A	9. D	10. D
11. C	12. B	13. B	14. C	15. C
16. D	17. D	18. A	19. C	20. A

二、填空题

1. 时间
2. 移动平均
3. 加权
4. 时间序列
5. 1
6. 指数
7. 小
8. 1
9. 溢出
10. 周期

三、判断题

1. ×	2. ×	3. ×	4. √	5. ×
6. √	7. √	8. ×	9. √	10. √
11. ×	12. √	13. √	14. √	15. √
16. ×	17. √	18. ×	19. ×	20. √

四、应用题

1. 简单移动平均法使用 AVERAGE 函数。

2. MSE 计算中的两数组中对应数值之差的平方和使用 Excel 函数 SUMXMY2。

3. 趋势预测法的实质就是利用某个函数分析预测对象某一参数的发展趋势,有以下几种预测模型最为常用。

(1) 多项式曲线预测模型。

(2) 指数曲线预测模型。

(3) 对数曲线预测模型

4. 实际生活中,有些数据是呈现周期性波动变化的。对于明显受时间、季节等规律性波动影响的时间序列,可以使用周期变动预测。

5.

(1) $n=2,3,4$ 时,预测值分别为 324 917.5,315 583.666 7,305 342.5 万吨标准煤。

(2) 分别用 $W_t=0.7,W_{t-1}=0.2,W_{t-2}=0.1$ 以及 $W_t=0.6,W_{t-1}=0.25,W_{t-2}=0.15$ 的加权移动平均法预测 2014 年的值分别为 325 582.6 和 323 142.95 万吨标准煤。

(3) 根据 2013 年的真实值可以看到,n 较小时,预测值和实际观察值更接近。

6. 规划求解结果如图 13-1 所示。

	A	B	C	D	E
1	年月	销量（台）	预测值		
2	2012.1	538	538	α	0.29859
3	2012.2	523	538	1-α	0.70141
4	2012.3	633	534	MSE	1566.174
5	2012.4	637	564		
6	2012.5	630	586		
7	2012.6	663	599		
8	2012.7	669	618		
9	2012.8	654	633		
10	2012.9	627	639		
11	2012.1	657	635		
12	2012.11	625	642		
13	2012.12	596	637		
14	2013.1	690	625		
15	2013.2	658	644		
16	2013.3	631	648		
17	2013.4	601	643		
18	2013.5	652	630		
19	2013.6	628	637		
20	2013.7	625	634		
21	2013.8	622	631		
22	2013.9	650	628		
23	2013.1	668	635		
24	2013.11	650	645		
25	2013.12	660	646		
26	2014.1		650		

图 13-1 规划求解答案

7. 规划求解结果如图 13-2 所示。

	A	B	C	D	E	F	G	H	I
1	空调销售数据（单位：台）								
2	年份	季度	销量（台）	序号	第1季	第2季	第3季	第4季	预测值
3	2008	1	330	1	1	0	0	0	346
4		2	310	2	0	1	0	0	298
5		3	370	3	0	0	1	0	401
6		4	300	4	0	0	0	1	320
7	2009	1	378	5	1	0	0	0	361
8		2	362	6	0	1	0	0	312
9		3	408	7	0	0	1	0	415
10		4	341	8	0	0	0	1	334
11	2010	1	384	9	1	0	0	0	375
12		2	329	10	0	1	0	0	327
13		3	430	11	0	0	1	0	430
14		4	350	12	0	0	0	1	348
15	2011	1	390	13	1	0	0	0	389
16		2	330	14	0	1	0	0	341
17		3	443	15	0	0	1	0	444
18		4	366	16	0	0	0	1	363
19	2012	1	400	17	1	0	0	0	404
20		2	328	18	0	1	0	0	355
21		3	470	19	0	0	1	0	459
22		4	380	20	0	0	0	1	377
23	2013	1	411	21	1	0	0	0	418
24		2	344	22	0	1	0	0	370
25		3	501	23	0	0	1	0	473
26		4	397	24	0	0	0	1	392
27	2014	1		25	1	0	0	0	433
28		2		26	0	1	0	0	384
29		3		27	0	0	1	0	487
30		4		28	0	0	0	1	406

图 13-2 规划求解答案

第 2 部分

实验与上机指导

第1篇　计算机组装与维护

　　本篇实验以作者独创开发的"虚拟现实计算机组装交互式教学软件系统"为训练和讲解平台。考虑到财经类高等院校一般没有专门配备计算机组装实验室,加之学生需要随时实践的需求,我们专门配合本书第1篇开发了这个系统,实验1和实验2就是根据这个交互式实训系统编制的实验指导书。实验1是虚拟现实硬件组装训练系统,实验2是软件安装训练系统。

　　创新性地开发本交互式教学系统,可以让学生身临其境地感受和操作硬件的拆装、软件的装卸,同时还解决了缺乏可供学生随意拆装的大量硬件设备配备、检修问题和训练软件安装时间冗长的问题,也解决了学生互动安装时的讲解问题。

　　参照本书以及"虚拟现实计算机组装交互式教学软件系统",就可以按部就班、身临其境地学会硬件组装、软件安装。

实验 1　计算机硬件虚拟组装

实验目的

(1) 认识计算机的各种硬件。
(2) 掌握计算机硬件的组装步骤和技巧。
(3) 了解计算机硬件的发展趋势和最新技术。

实验任务及要求

(1) 掌握虚拟环境中计算机的组装步骤。
(2) 在实际操作时,能根据练习,触类旁通,掌握实际操作技巧。

实验步骤及操作指导

1. 启动虚拟实验环境

(1) 在 C 盘根目录下创建文件夹 Ex01,路径 C:\Ex01 是本次实验的工作目录。
(2) 将"\《大学计算机应用高级教程习题解答与实验指导》教学资源\第 1 篇计算机组装与维护\实验 1\素材\"文件夹中的所有文件及文件夹复制到 C:\Ex01 中。
(3) 双击"虚拟组装室"可执行文件,启动组装软件。

注意:不要删除、重命名 resource 文件夹或更改 resource 文件夹的路径,否则运行时会找不到相关的文件。

(4) 启动后,进入主界面,如图 1-1 所示,该界面的目录如图 1-2 所示。其中:"教学素材"中的内容采用幻灯片的形式,主要用于教学讲解;"媒体课室"是"教学素材"内容的真人讲解录音,用于自学;"实训课堂"用于自己动手组装主板、主机和安装系统软件等操作,模拟真实实验环境;"技能测试"是对实践操作和计算机知识的测试;"关于我们"是策划、制作者的相关信息。

2. 教学素材

(1) 把鼠标移至"教学素材"按钮上,可以看到该菜单中包含"处理器"、"主板介绍"、"机箱板卡"和"外接设备"4 个子项目,如图 1-3 所示。单击任意一子项目,即可进入相关内容的学习。

(2) 单击"教学素材"中的"处理器"按钮,学习处理器的相关知识,如图 1-4 所示。本项目主要介绍当前 CPU 的主要类型、性能指标和购买时的注意事项等内容。

(3) 在"CPU 介绍"界面中,单击 ▶ 按钮可进入下一页学习。单击 HOME 按钮,可返回主界面。单击 ◀ 按钮,则返回上一页。

图 1-1 虚拟组装室主界面

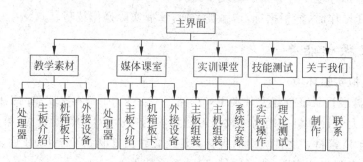

图 1-2 虚拟组装室目录

图 1-3 教学素材

图 1-4　CPU 介绍

（4）单击"教学素材"中的"主板介绍"按钮，学习主板的相关知识，如图 1-5 所示。本项目主要介绍主板各个部件的功能和如何购买主板等相关知识。

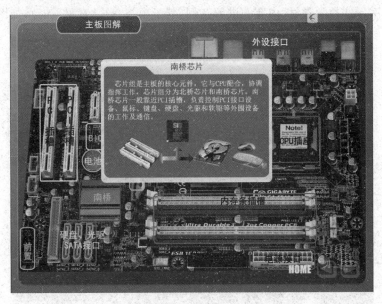

图 1-5　主板部件介绍

（5）在"主板图解"界面中，单击 ▶ 按钮，则进入下一页学习。继续单击 ▶ 按钮，进入主板的详细讲解，把鼠标停放在主板部件上，则自动对该部件进行介绍，如图 1-5 所示。

（6）单击"教学素材"中的"机箱板卡"按钮，进入机箱主板介绍界面，如图 1-6 所示。该项目主要介绍机箱结构及选购、显卡及其选购等内容。

（7）"外接设备"与主板介绍的操作基本相似，主要介绍键盘、鼠标、显示器、音箱、打印

第 2 部分 实验与上机指导

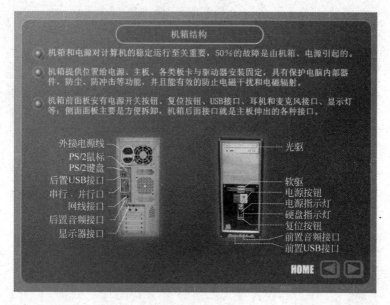

图 1-6 机箱结构

机、扫描仪和摄像头等相关的知识。

3. 媒体课室

"媒体课室"是"教学素材"内容的讲解范例,其子项与"教学素材"一致,如图 1-7 所示。

图 1-7 媒体课室

4. 实训课堂

"实训课堂"主要是借助虚拟环境,培养学生的实际操作能力,该项目包括"主板组装"、"主机组装"和"系统安装",如图 1-8 所示。

"主板组装"主要介绍如何将 CPU、内存条、显卡安装在主板上,及其安装的注意事项。

图 1-8　实训课堂

"主机组装"主要介绍如何将主板、电源、光驱、硬盘组装成一台主机,如何将主机、显示器、鼠标、键盘组装成一台完整的台式计算机。

"系统安装"主要介绍如何设置 BIOS 密码、光驱启动,如何安装 Windows 7 操作系统,如何备份、还原系统等操作。

(1) 在主菜单中,执行"实训课堂"→"主板组装"命令,进入主板组装界面,如图 1-9 所示。单击左上角 HELP 按钮,可以看到一些帮助信息。左下角的提示信息,用于在安装错误时给出相关说明,并用语音提示。单击右下角的 RESET 按钮,可以恢复初始状态,重新安装。单击旁边的 HOME 按钮,则返回主菜单;单击右侧的"安装器件"按钮,则调出

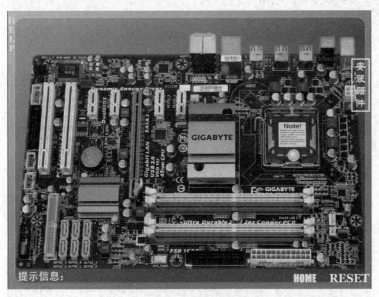

图 1-9　主板组装

CPU、显卡等设备,用于安装。

(2) 主板组装的一般流程是:先安装 CPU,然后安装 CPU 风扇,接着安装内存条。将主板固定在机箱中后,再安装显卡。如果主板中已经集成了显卡,则不需要另外安装显卡。

首先移除 CPU 座上的塑料保护盖,打开 CPU 手柄,然后单击"安装器件",调出所有器件,选中 CPU 选项。用鼠标拖动 CPU 至 CPU 座,最后关闭 CPU 手柄,如图 1-10 所示。

图 1-10 安装 CPU

(3) 接着安装 CPU 风扇。单击"CPU 风扇"选项,调出 CPU 风扇,然后将其拖到 CPU 上,然后插上 CPU 风扇电源。如果此前没有安装 CPU 或没有关闭 CPU 手柄,则会给出相应的提示信息。安装完毕后,如图 1-11 所示。

图 1-11 安装 CPU 风扇

（4）打开内存插座两端的白色塑料卡扣，然后单击"安装器件"中的"内存"选项，调出内存条，拖到内存插槽的位置，再压下两端的塑料卡扣。接着安装第二条内存条，如图 1-12 所示。

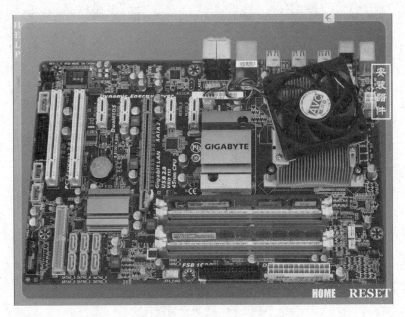

图 1-12　安装内存条

（5）单击"显卡"选项，调出显卡，然后拖到 AGP 插槽（即显卡插槽）的位置，如图 1-13 所示。实际安装时，需要先将主板安装到机箱中，然后再安装显卡。如果是主板集成显卡，则不需要另行安装显卡。

图 1-13　安装显卡

(6) 单击"安装视频",可以看到整个安装的视频介绍,如图 1-14 所示。拖动标题栏,可以调整视频显示的位置,单击右上角按钮,可以关闭视频。视频中介绍了主板的安装步骤和注意事项。

图 1-14　主板安装视频

至此,主板安装完毕,单击 HOME 按钮,返回至主菜单。如果需要重新操作,则单击 RESET 按钮,所有器件全部复原。

(7) 在主菜单中,执行"实训课堂"→"主机组装"命令,进入主机组装界面,如图 1-15 所示。图中的导线是前置面板引出的,用于连接主板上的电源、复位、USB 接口、话筒、耳机和各种指示灯。机箱内部器件的安装位置参见"教学素材"中的"机箱板卡"。

图 1-15　主机组装

(8) 单击器件中的"电源"选项,调出电源,然后拖到机箱的左上角,如图1-16所示。

图 1-16　安装电源

(9) 单击器件中的"主板"选项,调出已经装配好的主板,然后拖到机箱的中央,如图1-17所示。主板的组装可以参看"实训课堂"中的"主板组装"。

图 1-17　安装主板

(10) 单击器件中的"显卡"选项,调出显卡,然后拖到主板中AGP插槽的位置。显卡的组装参见"实训课堂"中的"主板组装"。

(11) 单击器件中的"光驱"选项,调出光驱,然后拖到机箱右上角安装光驱的位置。光驱是从机箱前面的面板插入的,如果前有挡板,则需要先去掉挡板。

(12) 单击器件中的"硬盘"选项,调出硬盘,然后拖到机箱右侧安装硬盘的位置。

(13) 安装完毕后,单击"线路连接",进入线路连接步骤,如图 1-18 所示。

图 1-18　线路连接

(14) 单击"整机安装"按钮,进入整机正面图,如图 1-19 所示。

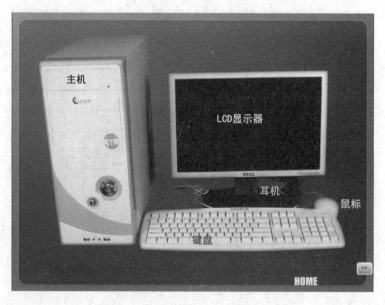

图 1-19　整机正面图

(15) 单击向右按钮,进入整机背面图。然后逐步单击向右按钮,查看整机线路连接情况,如图 1-20 所示。

(16) 选择"实训课堂"→"系统安装",可以模拟整个软件系统的安装过程,本部分将在实验 2 中详细介绍。

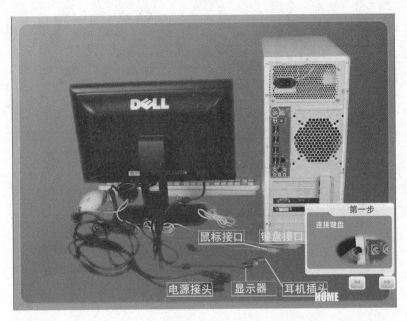

图 1-20　整机背面图

5．技能测试

在"技能测试"选项中，可进行技能测试，该项内容包括实际操作和理论测试。

（1）执行"技能测试"→"实际操作"命令，进行实际操作测试，如图 1-21 所示。该部分内容作为操作测试，不会给出任何提示，操作完毕后，单击 HOME 按钮返回。

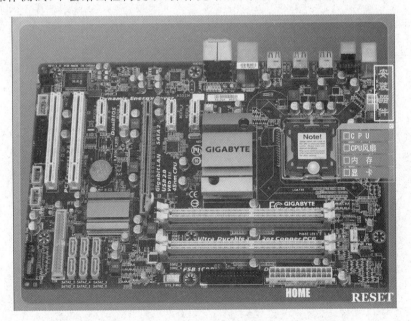

图 1-21　实际操作测试

（2）执行"技能测试"→"理论测试"命令，进行计算机知识的测试，如图 1-22 所示。测试完毕后，系统自动给出评分。操作完毕后，单击 HOME 按钮返回。

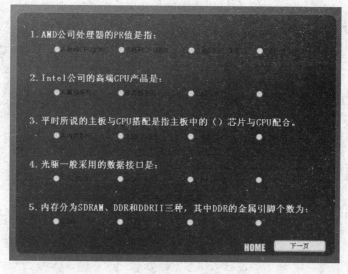

图 1-22 理论测试

实验 2　　软件安装

实验目的

(1) 熟悉 BIOS 设置的基本步骤。
(2) 掌握软件安装的基本流程。
(3) 掌握系统备份和恢复的基本操作。

实验任务及要求

(1) 熟悉 BIOS 的设置。
(2) 掌握 Windows 7 操作系统的安装。
(3) 掌握 Ghost 8.0 的基本操作。

实验步骤及操作指导

本实验和实验 1 一样，也在"虚拟组装室"构建的虚拟环境中进行，双击"虚拟组装室"可执行文件，启动虚拟安装系统。本次实验包括 4 节内容，分别是 BIOS 设置、Windows 7 安装、Ghost 备份，以及恢复系统和数据。在界面的右下角共有 5 个进度控制按钮，HOME 按钮用于返回主菜单界面，向右按钮进入下一步操作，向左按钮返回上一步操作，快进按钮进入下一节设置，快退按钮用于返回上一节设置，如图 2-1 所示。

1. 设置 BIOS

BIOS(Basic Input/Output System,基本输入输出系统)是一组固化到主板 ROM 芯片上的程序，它保存着基本输入输出程序、系统硬件设置信息、开机上电自检程序和系统启动自举程序。

开机之后，按照系统提示，按 Del 键(有些计算机的按键可能不同，请参考启动窗口提示)就可以进入 BIOS 设置界面。

(1) 选择"实训课堂"→"系统安装"，进入 BIOS 设置，如图 2-1 所示。

(2) 单击右下角 HOME 按钮，可返回至主菜单界面。根据屏幕左下方的操作提示，单击键盘上的向右箭头，进入 Security 菜单。

(3) Security 菜单中主要是设置 BIOS 密码，如图 2-2 所示。BIOS 密码分为管理员密码和用户密码，以管理员密码登录 BIOS 系统，可以设置所有的选项，而以用户密码登录 BIOS 系统，则很多关键项目不能设置，比如启动顺序等，该密码主要用于系统启动时输入。初始设置时，需要先设置管理员密码，然后设置用户密码。

(4) 按照提示，按 Enter 键，设置管理员密码，如图 2-3 所示。密码需要设置两次，而且两次必须一致。设置完毕，系统提示更改已经保存，按 Enter 键继续。

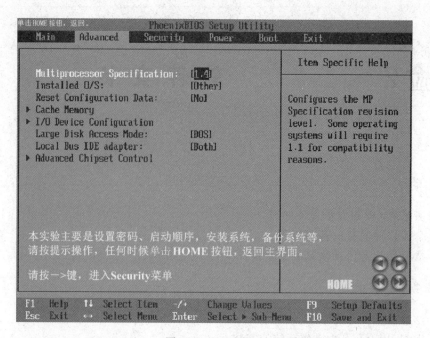

图 2-1 BIOS 设置

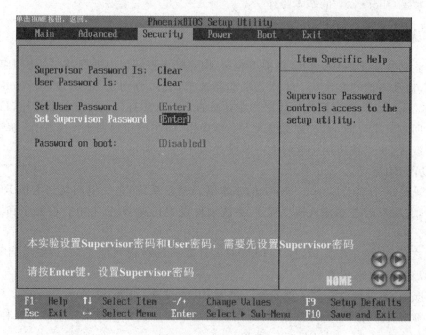

图 2-2 Security 菜单

(5) 接着设置用户密码,按向上箭头的按键,进入 Set User Password 选项。然后按 Enter 键,进入用户密码设置界面,其设置方法与管理员密码的设置方法一致。

(6) 用户密码设置完毕,连续按两次向下箭头键,进入 Password on boot 选项,然后按 Enter 键,进入设置界面。选择 Enable 选项,使系统启动密码生效,如图 2-4 所示。

(7) 密码设置完毕后,连续按两次向右箭头,进入 Boot 菜单,设置启动顺序如图 2-5 所示。操作系统一般以光盘的形式提供,在安装系统时,需要将光驱设置为首选启动设备。安装完毕,将硬盘设置为首选启动设备,以减少对光驱的访问次数。

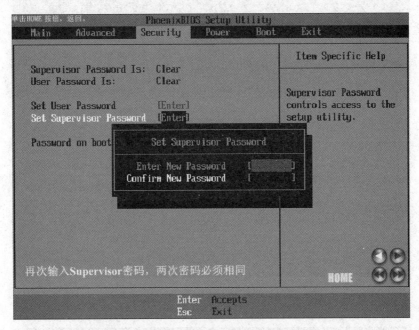

图2-3 设置管理员密码

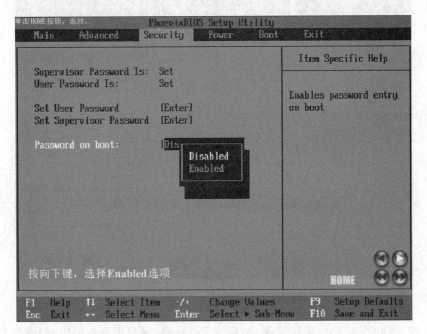

图2-4 启动密码生效

(8) 连续按两次向下箭头键,选中CD-ROM Drive设备(即光驱)。

(9) 连续按两次+键,将CD-ROM Drive提升至第一位置,即首选启动设备,如图2-6所示。

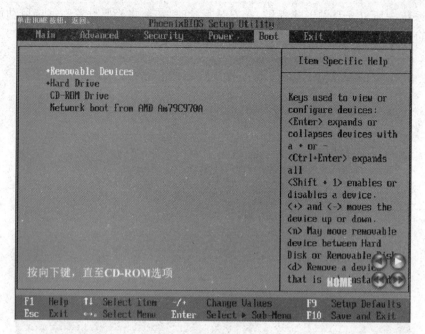

图 2-5　设置首选启动设备

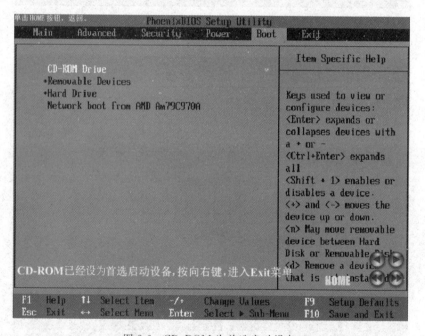

图 2-6　CD-ROM 为首选启动设备

（10）按→键，进入 Exit 菜单选项，然后按 Enter 键，保存设置并退出，如图 2-7 所示。

2. 安装 Windows 7 操作系统

（1）接上一步操作，启动系统，并提示输入 BIOS 用户密码。注意，实际安装时，需要先将系统光盘放入光驱，然后再启动。

（2）输入密码后，单击鼠标，进入模拟自动安装过程，开始文件加载，如图 2-8 所示。

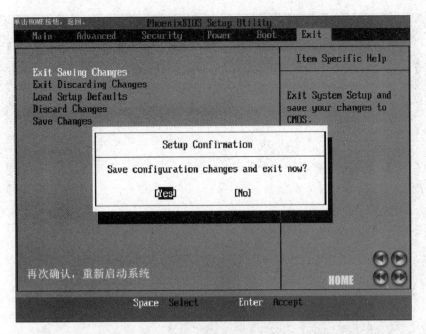

图 2-7 保存并退出

图 2-8 文件加载

（3）文件加载结束后，需要进行一系列的配置，如设置要安装的语言，接受许可条款，选择安装类型。安装类型可以选择升级和自定义，如图 2-9 所示。

（4）在图 2-9 中，选择自定义安装，进入安装位置选择界面，如图 2-10 所示。实际应用中可以根据需要选择相应的安装分区，也可以进入驱动器选项进行高级设置。

（5）设置好安装位置后，单击"下一步"按钮，系统自动进入安装过程。依次自动完成复制 Windows 文件、展开 Windows 文件、安装功能等步骤，如图 2-11 所示。

（6）Windows 安装过程结束后，系统自动重启。进入用户设置阶段，设置用户名和用户密码，如图 2-12 所示。

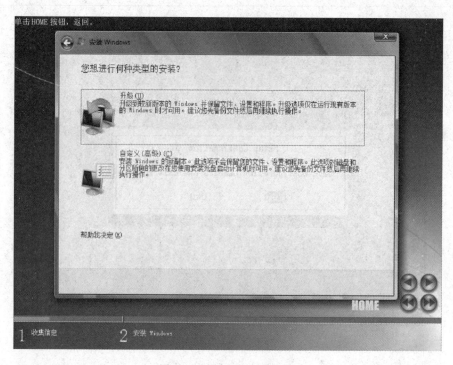

图 2-9　选择安装类型界面

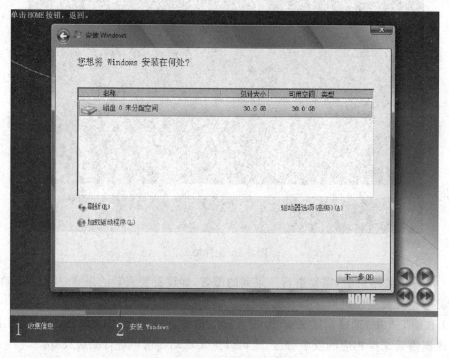

图 2-10　选择安装位置界面

（7）设置完用户名和用户密码后，输入 Windows 产品的密钥。如果没有密钥可以单击下一步直接跳过，等安装完毕后再激活系统，如图 2-13 所示。

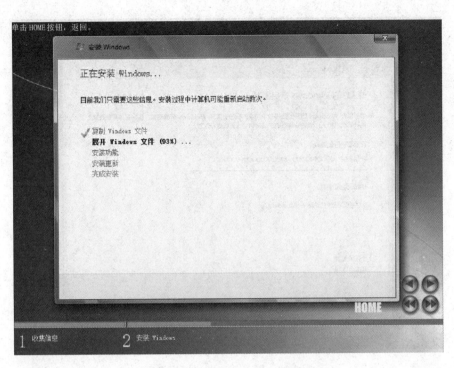

图 2-11　安装 Windows 界面

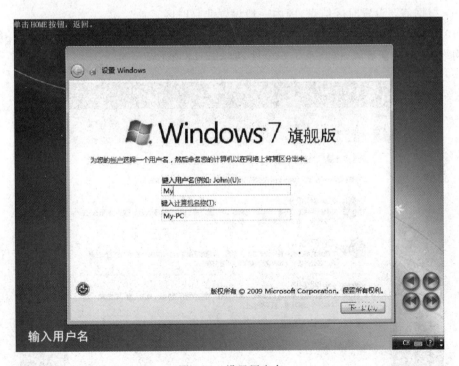

图 2-12　设置用户名

（8）单击"下一步"按钮，设置 Windows 自动更新选择。通常使用推荐设置，让系统自动更新系统，提供系统的安全性和稳定性。

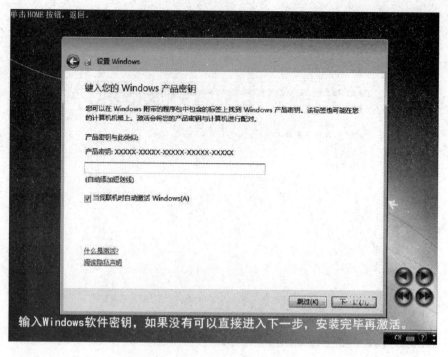

图 2-13　输入 Windows 密钥界面

（9）根据需要设置时区信息，国内一般设置北京时区。

（10）设置计算机当前位置，此步骤用于设置如何联入互联网。如果不确定，一般选择公用网络，减少共享资源，提高系统安全性，如图 2-14 所示。

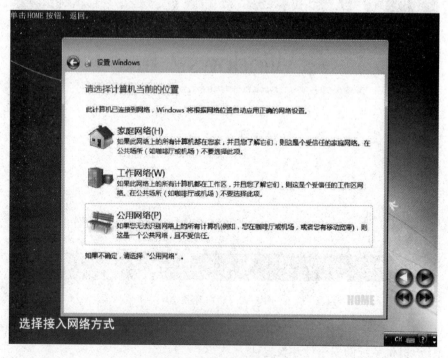

图 2-14　设置计算机当前位置界面

(11) 设置完毕,系统自动配置,完成安装并进入 Windows 7 桌面,如图 2-15 所示。

图 2-15　Windows 7 桌面外观

(12) 重新启动计算机,进入 BIOS 设置界面,将当前 Windows 7 系统所在的硬盘设置为第一启动设备。至此,Windows 7 系统已全部安装完成。

3. 备份系统和数据

当软件系统全部安装完成后,应该及时对整个系统进行备份,以防止系统意外崩溃。目前较常见的备份软件是 Ghost。利用 Ghost 可以备份计算机的整个软件系统或数据。

Ghost 在备份过程中,生成的备份文件应存放在一个安全的位置。可以放在移动存储设备中(如移动硬盘、DVD 光盘等),也可以存放在当前计算机的不同分区中(例如,如果备份的是 C 盘分区,可以将备份文件存放在 C 盘分区以外的分区中)。

下面以备份 Windows 7 系统所在的 C 分区为例,介绍 Ghost 进行备份操作的步骤和方法。

(1) 接前面第(12)步的操作,单击"下一步"按钮。在如图 2-16 所示的界面中输入开机密码,系统进入 DOS 状态,如图 2-17 所示。

(2) 在 DOS 提示符下,输入 Ghost 命令,然后按 Enter 键,进入 Ghost 的窗口,如图 2-18 所示。

(3) Ghost 启动后,在左下角的菜单中,执行 Local(本地)→Partition(分区)→To Image (保存备份的镜像文件)命令,如图 2-18 所示。

(4) 系统弹出 Select local source drive by clicking on the drive number 对话框。在对话框中可以选择要备份的分区所在的硬盘(如果计算机只有一块磁盘,则这一步不会出现),单击 OK 按钮。

(5) 系统进入 Select source partition(s) from Basic drive 对话框,选中要备份的分区。

图 2-16 开机密码输入界面

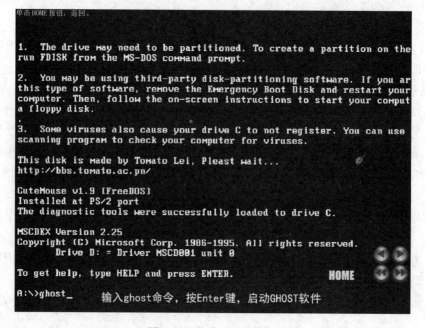

图 2-17 启动 Ghost 软件

由于要备份 Windows 7 系统所在的分区为 Primary,故选中 Primary(即主分区)分区,如图 2-19 所示。

(6) 当选中主分区后,单击 OK 按钮,进入 File name to copy image to 对话框。

(7) 在 Look in 下拉列表中,选中保存备份文件的分区,本次实验选择第二个分区中事先建立的 Ghost 文件夹,来保存 Ghost 文件。

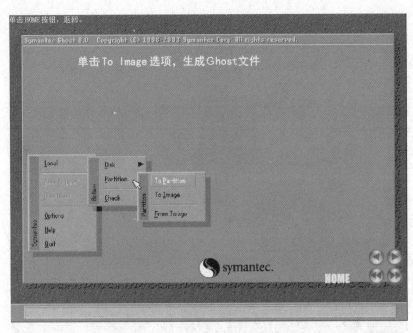

图 2-18　Ghost 程序的主窗口

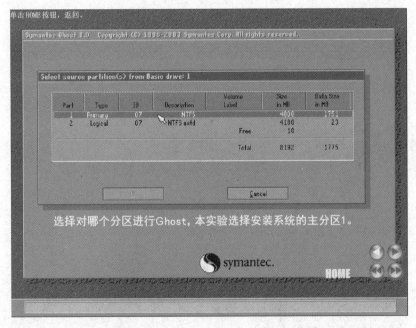

图 2-19　Select source partition(s) from Basic drive 对话框

其次，在 File name 文本框中输入备份文件的名字如"Win7"等，如图 2-20 所示。

(8) 单击 Save 按钮。此时，系统会询问"要不要压缩备份？"。为了提高处理速度，一般单击 Fast 按钮。

(9) 单击 Fast 按钮开始备份。系统就会按部就班地将指定的分区备份到设定的文件名之下，这可能要花几分钟到十几分钟，主要取决于要备份的分区中包含内容的多少，如

图 2-21 所示。

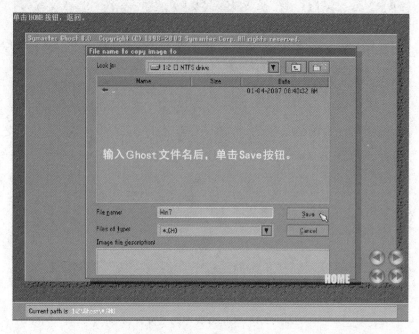

图 2-20　输入备份文件名字

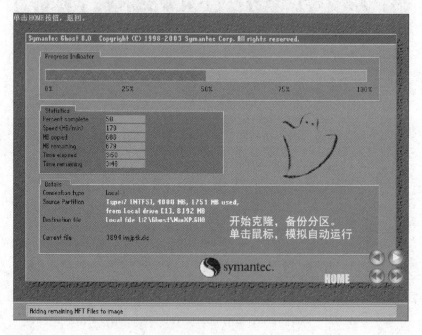

图 2-21　开始备份

（10）备份完毕，退出 Ghost 软件，然后重新启动系统。可以在文件夹中看到相应的备份文件。

4. 恢复系统和数据

在系统遭到病毒或人为的破坏，不能进入 Windows 系统的现象发生时，只要事先做了备份,就可以在很短的时间内恢复系统。

(1) 按上述操作,进入 Ghost 的窗口,如图 2-22 所示。

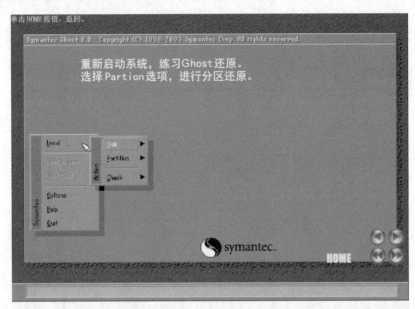

图 2-22　Ghost 程序的主窗口

(2) 在左下角的菜单中,执行 Local(本地)→Partition(分区)→From Image(备份所在的镜像文件)命令,如图 2-23 所示。

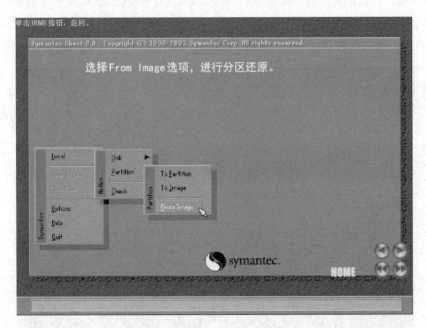

图 2-23　选择 From Image 项目

注意:不要选中 Disk 项目,该项目是恢复整个硬盘,而不是具体的某个分区。如果选择错误,可能会覆盖整个硬盘,导致其他分区数据丢失。

(3) 在弹出的 Image file name to restore from 对话框中,通过 Look in 下拉列表找到备份文件所在的位置,选择备份文件名,如图 2-24 所示。

图 2-24　Image file name to restore from 对话框

(4) 选中文件后,单击 Open 按钮,进入 Select local destination drive by clicking on the drive number 对话框。在对话框中选中要恢复的磁盘,如果只有一块磁盘,则直接单击 OK 按钮。

(5) 进入 Select destination partition from Basic drive 对话框。在对话框中选择要将备份恢复到哪个分区。由于是恢复 Windows 7 系统分区,故选择 Primary 分区,如图 2-25 所示。

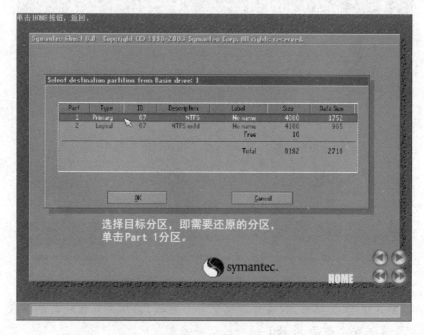

图 2-25　Select destination partition from Basic drive 对话框

注意：如果选择其他分区,则会导致其他分区数据的丢失。

(6)选中主分区后,单击 OK 按钮,系统会提示"目标分区会被永久性地覆盖"。单击 Yes 按钮,开始恢复。

恢复过程如图 2-26 所示,经过几分钟至十几分钟(取决于备份文件的大小),系统就会恢复到备份文件时所处的状态了。

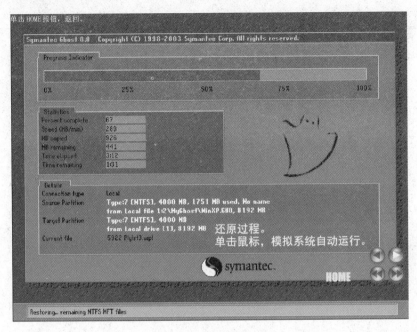

图 2-26　系统恢复过程

第2篇 网页设计

本篇实验以《大学计算机应用高级教程》第 2 篇的内容为基础,以实现一个相对完整的物流站点为手段,循序渐进,通过实训逐步掌握网页制作的基本方法和技巧。

本篇共设计了 8 个实验:实验 3 主要对 Dreamweaver CS6 的安装步骤和工作环境作了简单的介绍,同时给出详细的操作步骤,本次实验是后续 7 个实验的基础;实验 4 以展示 Dreamweaver CS6 的基本操作为目标,着重介绍在 Dreamweaver CS6 中创建、管理和发布站点的基本方法,此外还给出了一个简单网页制作的基本步骤,通过本次实验读者可以学会网页制作和站点建设的基本步骤;实验 5 以物流价格为主题,给出了使用表格布局网页的基本方法和操作步骤;实验 6 主要解决怎样在网页中使用图像、动画和声音的操作问题,通过本次实验读者可以掌握制作图文并茂的多媒体网页的方法;实验 7 以制作站点首页水平导航和垂直导航为目标,介绍常见超链接的创建方法,通过本次实验读者可以切身体会使用导航链接组织站点中网页的技巧;实验 8 在表格布局网页方法的基础上,介绍使用框架和层布局论坛网页的方法和技巧,通过本次实验读者可以掌握如何将框架和层运用到网页中,使网页布局手段更加丰富;表单是网页浏览者向 Web 服务器发送的主要方式,通常一个站点都有若干个表单网页用于收集网页浏览者的信息,实验 9 以一个用户注册网页为例,介绍制作表单网页的方法;样式表和模板是网页设计过程中的两个高级主题,使用样式表可以有效简化网页格式化的操作,利用模板可以快速制作多个结构和风格一致的网页,实验 10 给出了使用模板机制设计站点的基本步骤和方法,同时也给出使用样式表格式化网页的实例。

实验 3　认识 Dreamweaver CS6 工作环境

实验目的

（1）认识 Dreamweaver CS6 的安装过程。
（2）掌握启动和退出 Dreamweaver CS6 的方法。
（3）了解 Dreamweaver CS6 工作环境。

实验任务及要求

（1）掌握工具栏的基本操作。
（2）掌握面板窗口的基本操作。

实验步骤及操作指导

1. 安装 Dreamweaver CS6

（1）将 Dreamweaver CS6 安装盘放入光盘驱动器中，双击光盘中的 Dreamweaver CS6 安装文件启动安装向导（如果光盘有自启动画面，可根据提示启动相应的安装程序）进入 Dreamweaver CS6 安装向导的第一步，如图 3-1 所示。

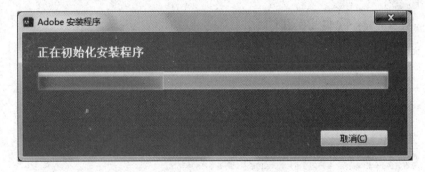

图 3-1　Dreamweaver CS6 安装向导的初始化画面

（2）初始化完成后，安装程序将自动进入欢迎画面，如图 3-2 所示，根据是否取得序列号，选择"安装"或者"试用"。
（3）进入"许可协议"窗口，如图 3-3 所示。
（4）单击"接受"按钮，进入"序列号"窗口，如图 3-4 所示，输入已获得的序列号。
（5）单击"下一步"按钮，进入"选项"窗口，在"选项"窗口中，可以选择安装组件，更改语言，或者单击"位置"输入框右侧的文件夹图标 来修改安装目录，如图 3-5 所示。

图 3-2 "欢迎"窗口

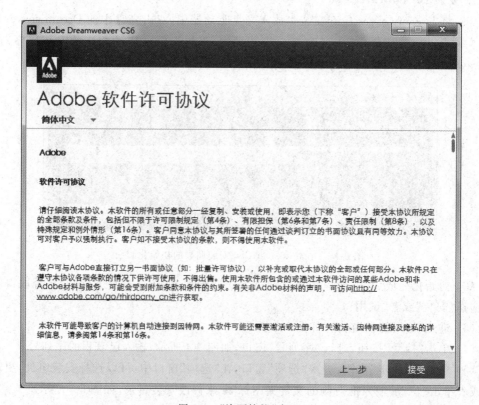

图 3-3 "许可协议"窗口

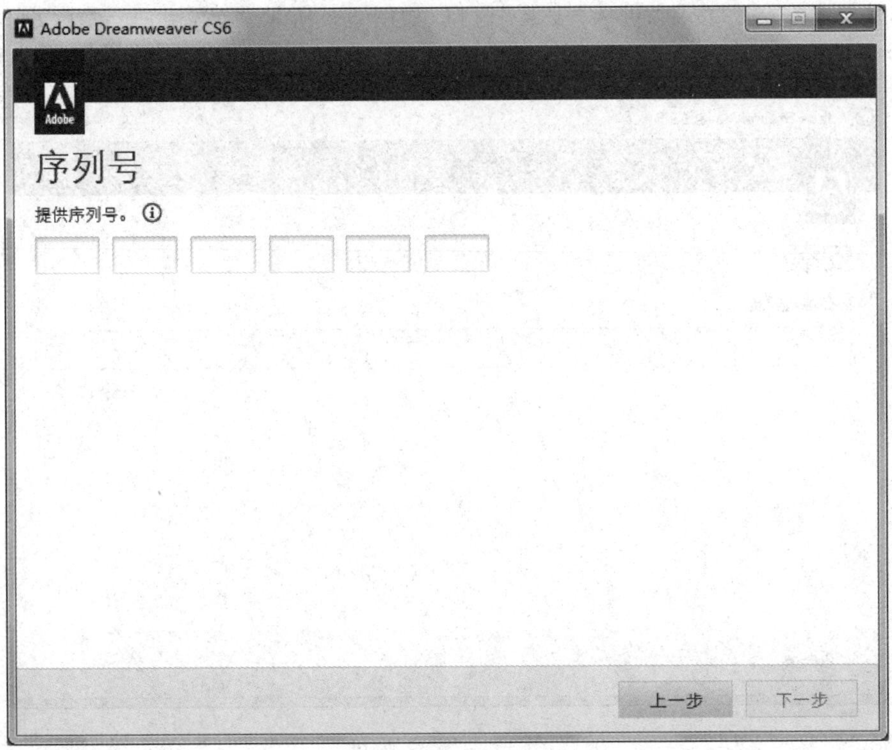

图 3-4 "序列号"窗口

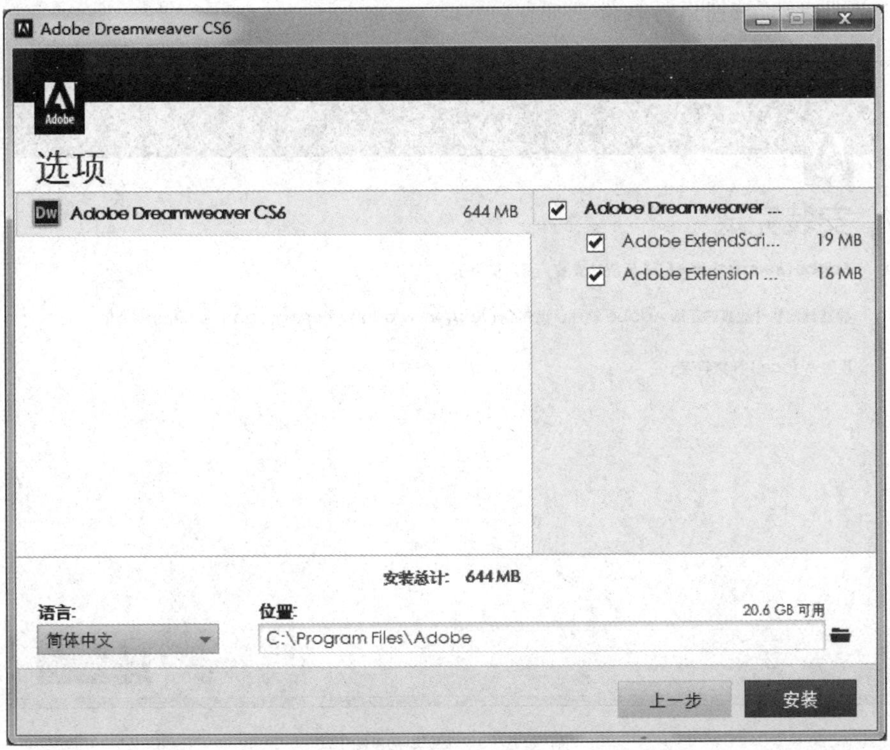

图 3-5 "选项"窗口

（6）单击"安装"按钮，进入"安装"窗口，如图 3-6 所示。该窗口显示了文件安装的进度。

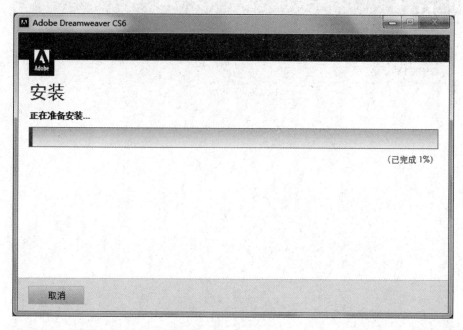

图 3-6 "安装"窗口

（7）安装程序将自动提示安装结束画面，如图 3-7 所示，单击"关闭"按钮完成安装，或者单击"立即启动"按钮运行软件。

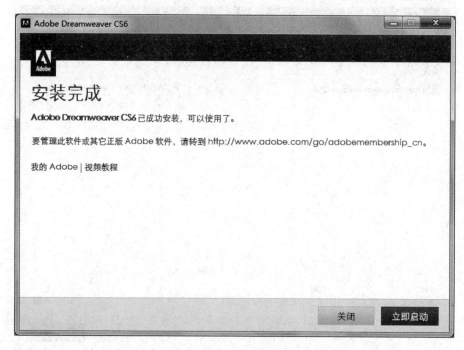

图 3-7 "安装完成"窗口

2. 首次启动 Dreamweaver CS6

首次启动 Dreamweaver CS6 时，如果需要，请先完成许可协议选择，再进入 Dreamweaver CS6 的工作环境。

（1）依次单击"开始"→"所有程序"→Adobe Dreamweaver CS6 命令（如图 3-8 所示），或双击桌面上的 Adobe Dreamweaver CS6 快捷方式图标（如图 3-9 所示），启动 Dreamweaver CS6。

（2）首次进入 Dreamweaver CS6 主窗口前，会弹出"默认编辑器"对话框，要求用户选择 Dreamweaver 关联的文件后缀名，如图 3-10 所示。

图 3-9　Adobe Dreamweaver CS6 快捷方式

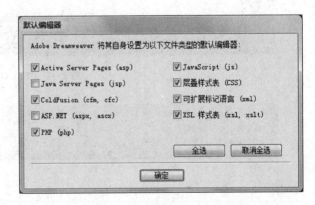

图 3-8　"开始"菜单中的 Adobe Dreamweaver CS6 命令

图 3-10　"默认编辑器"对话框

（3）进入 Dreamweaver CS6 主窗口，如图 3-11 所示。

（4）为了能够操作 Dreamweaver CS6 主窗口中的工具栏和面板，先单击"新建"选项下的 HTML 选项，新建一个空的网页文件，如图 3-12 所示。

（5）当前的工作区布局为"经典"，可以依次单击"窗口"→"工作区布局"命令，在弹出菜单中选择不同样式，从而改变 Dreamweaver CS6 的工作区布局。比较常用的两种布局分别是"经典"和"设计器"布局。如果当前的工作区布局是"设计器"，经过一段时间操作后，工作区的变动较大，则可以通过依次单击"窗口"→"工作区布局"→重置"设计器"命令，将工作区恢复到"设计器"布局的初始状态。

3. 显示/隐藏工具栏

Dreamweaver CS6 共有三个工具栏，分别是"文档"、"标准"和"样式呈现"工具栏，如图 3-14 所示。

依次单击"查看"→"工具栏"→"文档"命令，可显示（如果当前是隐藏状态）或隐藏（如果当前是显示状态）"文档"工具栏。采用类似操作，可显示或隐藏其他工具栏。

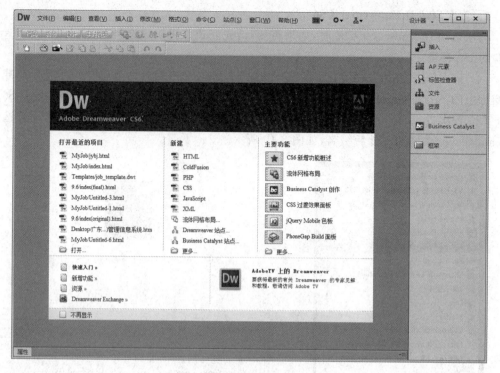

图 3-11 主窗口

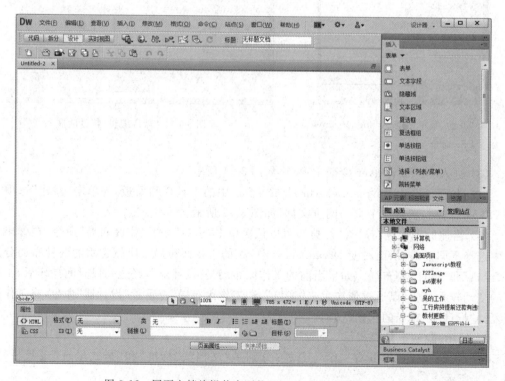

图 3-12 网页文档编辑状态下的 Dreamweaver CS6 主窗口

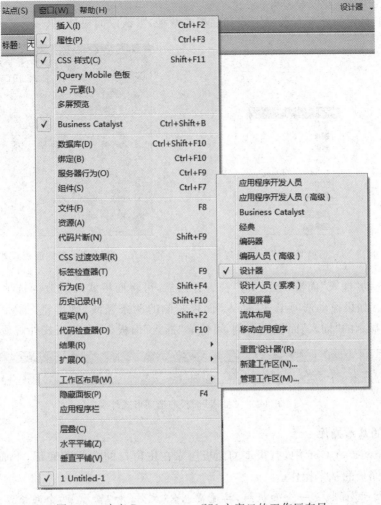

图 3-13　改变 Dreamweaver CS6 主窗口的工作区布局

图 3-14　Dreamweaver CS6 的工具栏

4．"插入"面板的基本操作

依次单击"窗口"→"插入"命令，可以在工作区右侧显示（如果当前是隐藏状态）或隐藏（如果当前是显示状态）"插入"面板，"插入"面板包括多个子面板，默认显示"常用"子面板。

1）子工具栏的切换

单击"插入"面板上部的 常用▼ 按钮，在弹出的菜单中单击"文本"命令，可切换到"文本"子面板，如图 3-15 所示。切换到其他子面板的操作类似。

2)"插入"面板的外观切换

"插入"工具栏的外观有选项卡式和面板式两种,默认以面板外观显示,如图 3-16 所示。

图 3-15　切换"插入"子面板命令　　　　图 3-16　"插入"面板的面板式外观

用鼠标拖动"插入"面板,至工具栏位置并停靠,可将面板式外观改为选项卡式外观,如图 3-17 所示。如果拖动选项卡式"插入"面板左侧的两条竖线,则可将"插入"面板浮动显示,拖动浮动显示的"插入"面板到右侧,可停靠"插入"面板,并以面板式外观显示。

图 3-17　"插入"面板的选项卡式外观

5. 面板的基本操作

在 Dreamweaver CS6 中,有很多的面板停靠在主窗口的右侧和底部,下面以"文件"面板为例,介绍面板的基本操作。

注意:"文件"面板是一个面板组,其通常包含"文件"和"资源"两个面板。

1)显示/隐藏"文件"面板组

依次单击"窗口"→"文件"命令,可显示"文件"面板。

单击"文件"面板右上角的 按钮,在弹出的菜单中单击"关闭"命令,可关闭"文件"面板。

单击"文件"面板右上角的 按钮,在弹出的菜单中单击"关闭标签组"命令,可关闭"文件"标签组。

2)展开/折叠面板窗口

如果面板正处于展开状态,双击"文件"面板组标题栏"文件"二字所在区域,可折叠"文件"面板组。

如果面板正处于折叠状态,单击"文件"面板组标题栏"文件"二字所在区域,可展开"文件"面板组。

3)停靠/悬浮面板窗口

当"文件"面板窗口处于悬浮状态时,将鼠标移动到"文件"面板左上角的 图标上,按下鼠标左键将"文件"面板窗口拖入停靠位置,可使悬浮状态下的"文件"面板窗口变为停靠状态,如图 3-18(a)所示。

(a) 停靠状态

(b) 悬浮状态

图 3-18　面板窗口的两种显示状态

当"文件"面板窗口处于停靠状态时,将鼠标移动到"文件"面板标题栏深色区域,按下鼠标左键将"文件"面板窗口拖离停靠位置,可使停靠状态下的"文件"面板窗口变为悬浮状态,如图 3-18(b)所示。

6. 退出 Dreamweaver CS6

执行如下操作之一,可关闭 Dreamweaver CS6。

(1) 单击 Dreamweaver CS6 主窗口菜单栏右侧的 ╳ 按钮。

(2) 双击 Dreamweaver CS6 主窗口标题栏左侧的 Dw 图标。

(3) 依次单击"文件"→"退出"命令。

注意:如果网页文档的内容有变化,在执行关闭 Dreamweaver CS6 操作时,将弹出是否保存对话框。有关网页文档保存的方法,可参考实验 4 中的有关内容。

实验 4　Dreamweaver CS6 的基本操作

实验目的

(1) 掌握在 Dreamweaver CS6 中创建和管理站点的基本方法。
(2) 熟悉创建网页文档的基本步骤。
(3) 掌握网页文档的基本操作。

实验任务及要求

(1) 掌握站点的创建和管理。
(2) 掌握一个简单网页制作的基本步骤。
(3) 熟悉网页文档的基本操作。
(4) 认识站点上传和下载的操作方法。
(5) 掌握本地 Web 站点和远程 Web 站点的预览方法。

实验前准备

(1) 远程 FTP 服务器地址,如 172.16.20.71 等。
(2) 远程 FTP 服务器中存放文件的虚拟目录,如 WebFile。
(3) FTP 服务器账户,如账户名为"abc",密码为"88888888"。
(4) 远程 Web 服务器地址,如 172.16.20.71 等。
(5) 远程 Web 服务器中存放文件的虚拟目录,如 MySite。

实验步骤及操作指导

1. 创建站点

(1) 在 D 盘分区中创建一个文件夹,命名为"WuLiu"。

(2) 启动 Dreamweaver CS6,然后依次单击"站点"→"新建站点"命令,弹出"站点设置对象"对话框,如图 4-1 所示。

(3) 选中左侧的"站点",在右侧的"站点名称"文本框中输入一个站点名称,如"WuLiu",在"本地站点文件夹"文本框中输入"D:\WuLiu\"。

(4) 选中左侧的"服务器",进入站点服务器的设置,如图 4-2 所示。

(5) 单击 ➕ 按钮,设置服务器基本信息。"服务器名称"项输入"MySite","连接方法"项选择 FTP,"FTP 地址"项输入已设置好 FTP 服务的服务器 IP 地址"172.16.20.71","端口"项输入"21","用户名"和"密码"分别输入已设置好的"abc"和"88888888","根目录"项输

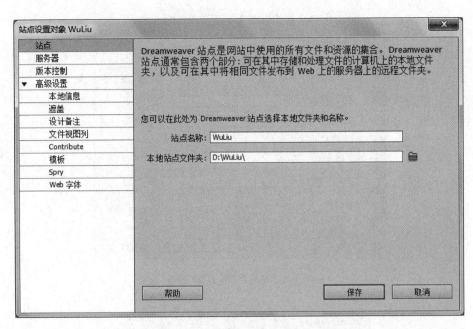

图 4-1 "站点设置对象"对话框的"站点"设置页

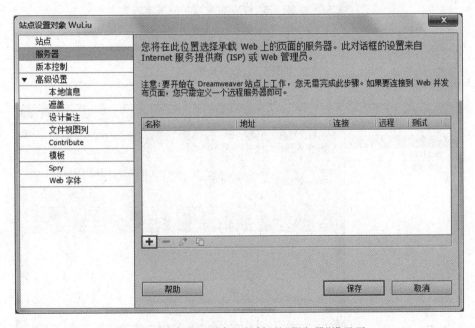

图 4-2 "站点设置对象"对话框的"服务器"设置页

入"WebFile",Web URL 项输入"http://172.16.20.71/WebFile",如图 4-3 所示。

（6）单击"测试"按钮,Dreamweaver CS6 将会使用以上设置测试与服务器的连接。如图 4-4 所示。

测试成功后,返回到"站点设置对象"对话框的"服务器"设置页,此时可以通过单击笔型图标对服务器设置进行修改,如图 4-5 所示。也可以依次单击"站点"→"管理站点"命令,对

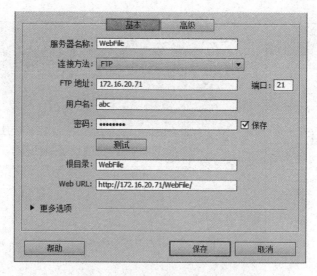

图 4-3　服务器"基本"设置页

图 4-4　测试连接

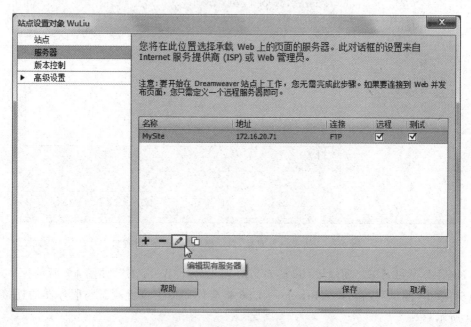

图 4-5　服务器设置完成

已经建立的站点进行管理,如图 4-6 所示。

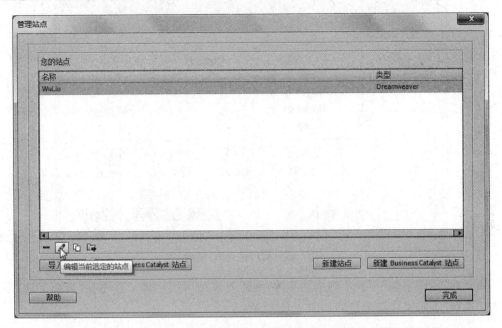

图 4-6 通过"管理站点"修改服务器设置

(7) 在"站点设置对象 WuLiu"对话框单击"保存"按钮,即完成了站点设置工作。在"文件"面板中便可看到新建立的站点 WuLiu,如图 4-7 所示。

请注意,如果在没有配置 Web 服务器的环境下使用 Dreamweaver CS6 设计网页,可以在完成第(3)步后,直接单击"保存"按钮,也能创建如图 4-7 所示的本地站点。

2. 建立一公司的"联系我们"网页文档

(1) 启动 Dreamweaver CS6,在"文件"面板中选择 WuLiu 站点,右击站点根目录,在弹出的快捷菜单中选择"新建文件"命令新建一个网页文档,并将网页文档命名为"lxwm.html"。

图 4-7 "文件"面板中的 WuLiu 站点

(2) 在"文件"面板中,双击 lxwm.html 在文档编辑窗口中打开网页。

(3) 在"文档"工具栏中的"标题"文本框中输入网页标题"联系我们",如图 4-8 所示。

图 4-8 修改网页标题

(4) 单击"属性"面板中的"页面属性"按钮,按如图 4-9 所示设置页面外观,然后单击"确定"按钮关闭"页面属性"对话框。

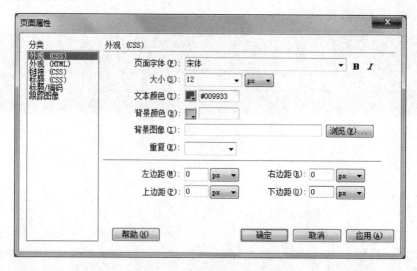

图 4-9 "页面属性"对话框

如果在"页面字体"中找不到中文字体,则需要添加可用字体。首先在"页面字体"下拉列表中选择"编辑字体列表"项,如图 4-10 所示。

图 4-10 "页面字体"编辑字体列表

在"编辑字体列表"对话框的右下角"可用字体"中选择"宋体",单击"<<"箭头,将其加入"选择的字体"列表中,如图 4-11 所示。

单击"确定"按钮后,回到"页面属性"对话框,此时"页面字体"下拉框中出现刚才添加的"宋体"字体,如图 4-12 所示。

(5) 在文档编辑窗口中,按 Enter 键将光标放在下一行的开始位置。连续按 Shift+Ctrl+Space 组合键 5 次,在光标位置输入 5 个空格,然后输入文本"联系我们",并将该文本设为粗体。

(6) 将光标放在文本"联系我们"后,依次单击"插入"→HTML→"水平线"命令,在光标位置插入一条水平线。

图 4-11 添加"可用字体"

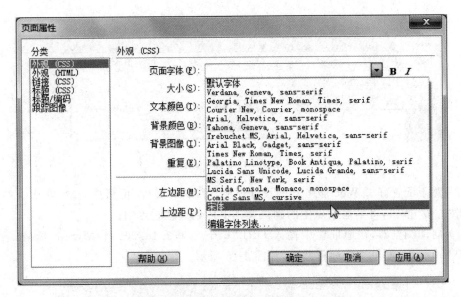

图 4-12 "页面字体"下拉列表中出现"宋体"

（7）选中水平线，如图 4-13 所示设置水平线的属性。

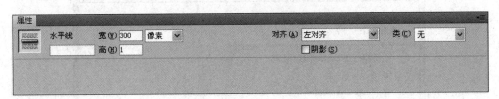

图 4-13 水平线的属性

（8）按如图 4-14 所示内容输入其余文本。
（9）依次单击"文件"→"保存"命令（或按 Ctrl+S 键），保存网页文档。
（10）按 F12 键可在浏览器中预览保存在本地站点中的网页效果。

3. 预览站点或者上传并浏览远程站点

（1）对于本地站点，可以直接单击"文档"工具栏中的"浏览器预览/调试"图标，使用本机上安装的浏览器对设计好的站点进行预览，如图 4-15 所示。

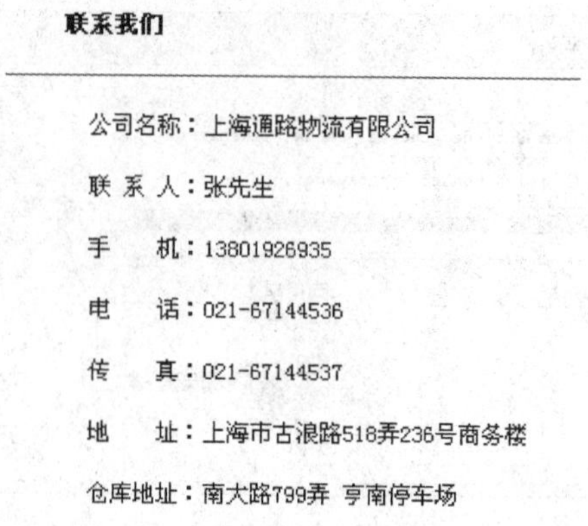

图 4-14 网页的外观

图 4-15 在本机预览页面

（2）对于配置好了 Web 服务器的设计环境，可以在"文件"面板中选择 WuLiu 站点，然后单击"上传"按钮，将本地站点中的网页文档上传到远程站点中。

（3）启动浏览器，在地址栏中输入 URL"http://172.16.20.71/MySite/lxwm.html"，然后按 Enter 键，便可浏览远程站点，如图 4-16 所示。

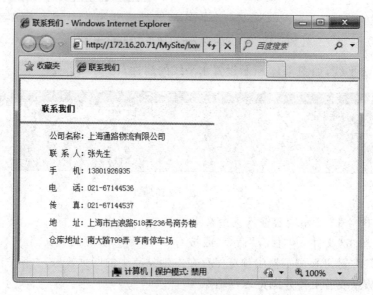

图 4-16 网页文档的最终效果

实验 4 Web 服务器的配置

（补充）

实验目的

掌握 Web 服务器配置的基本操作方法。

实验任务及要求

（1）掌握 Internet 信息服务组件的安装方法。
（2）掌握 Windows 用户的创建和授权操作。
（3）掌握 FTP 和 Web 站点启动、暂停和停止操作。
（4）掌握 FTP 虚拟目录的创建方法。
（5）掌握 Web 站点虚拟目录的创建方法。

实验前准备

（1）一张和当前操作系统名称相同的系统盘（请注意 Home 版本不能安装 Internet 信息服务，请确认当前操作系统是 Home 以上版本，例如 Windows 7 Professional。光盘上的安装文件也不能是 Ghost 软件生成的.gho 文件）。
（2）远程 FTP 服务器地址，如 172.16.20.71 等。
（3）远程 Web 服务器地址，如 172.16.20.71 等。

实验步骤及操作指导

1. 安装 IIS 组件（以 Windows 7 Professional 系统为例）

（1）打开系统的"控制面板"，单击"程序"图标，在"程序"设置页面，单击"程序和功能"项下的"打开或关闭 Windows 功能"，如图 4-17 所示。
（2）在弹出的"打开或关闭 Windows 功能"窗口中，按照如图 4-18 所示，选中"Internet 信息服务"项目下的多个复选框。
（3）在"打开或关闭 Windows 功能"窗口中单击"确定"按钮，系统将自动安装 Internet 信息服务所需要的程序文件。

注：Windows XP/Vista/7 默认没有安装 Web 服务器组件，只有安装了该组件，才能在该系统中配置 Web 服务。

2. 创建用户并授权

（1）在桌面的"计算机"图标上单击鼠标右键，在弹出菜单中选择"管理"命令，打开"计算机管理"对话框。右击"本地用户和组"→"用户"项，在弹出菜单中单击"新用户"命令，在"新用户"对话框中，"用户名"文本框填写"abc"，"密码"和"确认密码"文本框填写

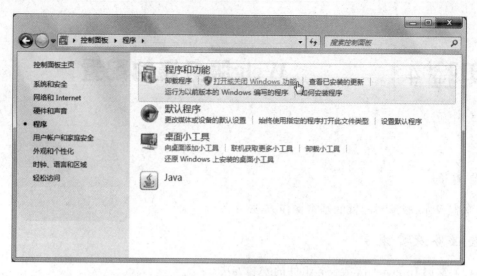

图 4-17 "程序和功能"设置页面

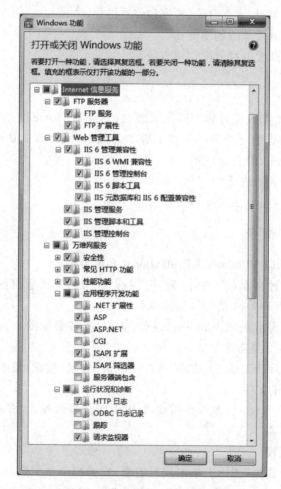

图 4-18 "Internet 信息服务"需要选中的项目

"88888888"。单击"创建"按钮,完成FTP和IIS用户账号的添加,如图4-19所示。

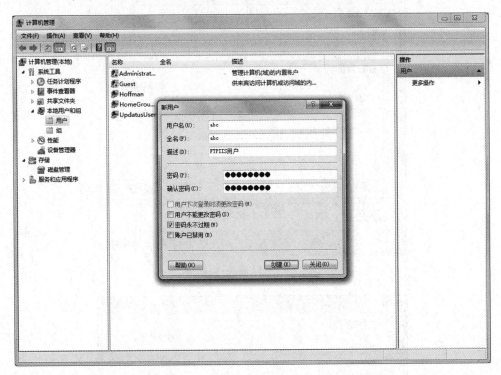

图4-19 添加FTP和IIS用户账号

(2)右击"计算机管理"对话框右侧列表中的abc用户,在快捷菜单中选择"属性"命令,弹出"abc属性"对话框,如图4-20所示。

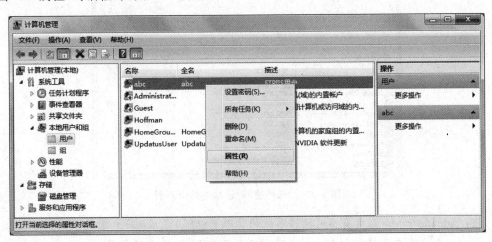

图4-20 "属性"命令

(3)切换到"隶属于"选项卡,然后单击"添加"按钮,弹出"选择组"对话框,单击"高级"按钮,如图4-21所示。

(4)在"选择组"对话框中单击右侧的"立即查找"按钮,在"搜索结果"列表中选择Administrators选项,如图4-22所示。然后依次单击所有的"确定"按钮关闭所有对话框,

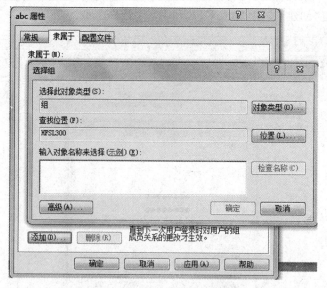

图 4-21 "abc 属性"对话框

图 4-22 "选择组"对话框中的组列表

注：Administrators 组具有当前操作系统的管理员权限，将 abc 用户隶属于 Administrators，即使得 abc 用户享有管理员权限。abc 用户用于后期 FTP 的上传操作。

3. 创建 FTP 站点

（1）在 C 盘创建一个文件夹 WebSite，该文件夹是 FTP 服务存放上传文件的位置，也是 Web 站点服务发布网页的位置。

（2）在"控制面板"→"系统和安全"→"管理工具"中，双击"Internet 信息服务（IIS）管理器"选项，弹出"Internet 信息服务（IIS）管理器"窗口，右击"Internet 信息服务（IIS）管理器"

窗口左侧树形目录中的计算机名称,在快捷菜单中选择"添加 FTP 站点"命令,启动"添加 FTP 站点"对话框,如图 4-23 所示。

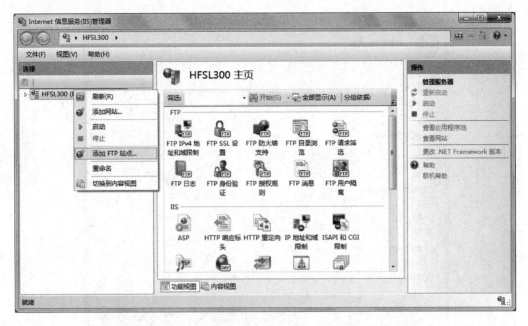

图 4-23　"Internet 信息服务(IIS)管理器"中添加 FTP 站点

(3) 在"站点信息"对话框的"FTP 站点名称"文本框中输入"WebFile",在"物理路径"文本框中输入"C:\WebSite",如图 4-24 所示。

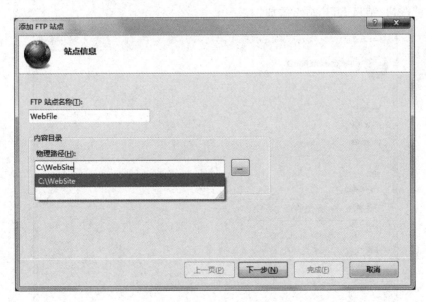

图 4-24　FTP"站点信息"

注：站点名称是稍后显示在"Internet 信息服务(IIS)管理器"窗口中的 FTP 站点名字,通过以上步骤,将 FTP 站点名称和实际的物理文件夹关联起来。

(4) 单击"下一步"按钮，在弹出的"绑定和 SSL 设置"页面中，"IP 地址"下拉列表选中本机 IP 地址，其他项目按照图 4-25 进行设置。

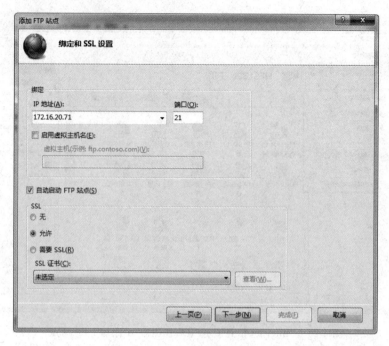

图 4-25　FTP"绑定和 SSL 设置"

(5) 单击"下一步"按钮，在"身份验证和授权信息"页面中按照图 4-26 进行设置。然后单击"完成"按钮，结束 FTP 站点添加。

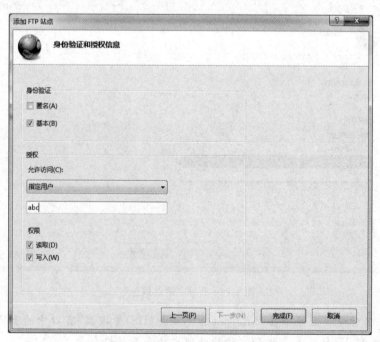

图 4-26　FTP"身份验证和授权信息"

（6）在"Internet 信息服务（IIS）管理器"窗口左侧树形目录中的"网站"项下出现了新设置的"WebFile"FTP 站点，右击此站点，在快捷菜单中选择"添加虚拟目录"命令，如图 4-27 所示。

图 4-27　FTP 站点"添加虚拟目标"

（7）在弹出的"添加虚拟目录"对话框中，如图 4-28 所示输入各项信息。单击"确定"按钮，完成 FTP 站点的虚拟目录设置。

图 4-28　FTP 站点"添加虚拟目录"设置

4．创建 Web 站点

（1）右击"Internet 信息服务（IIS）管理器"窗口左侧树形目录中的"网站"→Default Web Site 选项，在快捷菜单中选择"添加虚拟目录"命令，如图 4-29 所示。

（2）在弹出的"添加虚拟目录"对话框中，如图 4-30 所示输入各项信息。单击"确定"按钮，完成 FTP 站点的虚拟目录设置。

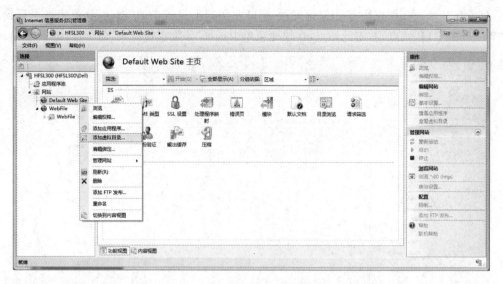

图 4-29 Default Web Site 站点添加虚拟目录

图 4-30 Default Web Site 高级设置

注：此处要求与图 4-28 中选择的 FTP 路径相同，这是因为站点发布的网页文件是由 FTP 服务上传过来的。

5. 启动 FTP 和 Web 站点服务

（1）在"Internet 信息服务(IIS)管理器"窗口左侧树形目录中分别选择 Default Web Site 和 WebFile 项，在右侧的"操作"面板区域分别单击"启动"按钮，将这两个站点启动，如图 4-31 所示。

图 4-31　启动站点

（2）在 Dreamweaver CS6 中通过鼠标右击"文件"面板中的 WuLiu 站点，在弹出菜单中选择"上传"命令后，会将本地站点 WuLiu 中所有文件通过 FTP 上传到配置好的 FTP 服务器上。在浏览器中输入"ftp://172.16.20.71"，输入正确的用户名和密码后，将会打开 FTP 上传下载页面，可以看到上传的文件，并能够实现手动上传和下载。同时，在浏览器中输入"http://172.16.20.71/lxwm.html"，则可以在浏览器中看到设计好的网页。

注：只有服务处于启动状态，才能够向外提供服务；如果服务在启动状态则单击■和▮▮按钮可以停止或暂停服务；FTP 服务提供了上传和下载功能，Web 网站服务提供了网页的发布功能。

上述操作是 Web 服务配置的简单流程，通过这一系列操作，实际上已经给实验 4 提供了如下信息。

（1）远程 FTP 服务器地址 172.16.20.71。

（2）远程 FTP 服务器中存放文件的虚拟目录 WebFile。

（3）FTP 服务器账户，账户名为"abc"，密码为"88888888"。

（4）远程 Web 服务器地址 172.16.20.71。

实验 5　表格的使用

实验目的

(1) 掌握表格的基本操作。
(2) 掌握表格的基本编辑操作。

实验任务及要求

(1) 认真阅读主教材第 4 章中的有关内容。
(2) 掌握使用表格布局网页的基本方法。

实验步骤及操作指导

1. 素材准备

(1) 在 C 盘根目录下创建文件夹 Ex05，路径 C:\Ex05 是本次实验的工作目录。
(2) 在 C:\Ex05 目录下创建文件夹 images。
(3) 将"《大学计算机应用高级教程习题解答与实验指导》教学资源\第 2 篇网页设计\实验 5\素材\"文件夹中的所有文件复制到"C:\Ex05\images"中。

2. 建立一个物流公司的"运输价格"网页文档

(1) 启动 Dreamweaver CS6，在开始页面的"新建"下，单击 HTML 选项新建一个空的网页文档。
(2) 依次单击"文件"→"另存为"命令（或按快捷键 Ctrl+S），将新建的网页文档以文件名"ysjg.html"保存到 C:\Ex05 目录下。
(3) 在"文档"工具栏的"标题"文本框中输入文本"运输价格"。
(4) 单击"属性"面板中的"页面属性"按钮，如图 5-1 所示设置页面的外观特征，然后单击"确定"按钮关闭"页面属性"对话框。
(5) 单击"常用"插入面板中的 ⊞ 按钮，如图 5-2 所示设置表格的属性，然后单击"确定"按钮，在光标位置插入一个表格（为便于叙述，命名为 Table1）。
(6) 选中 Table1 表格，在"属性"面板中的"对齐"列表中选择"居中对齐"选项。选中表格 Table1 中的所有单元格，在"属性"面板中的"水平"列表中选择"居中对齐"选项，在"垂直"列表中选择"顶端"选项。选中表格 Table1 的第一列，在"属性"面板"宽"文本框中输入数值"159"。
(7) 选中表格 Table1 的第一行，单击"属性"面板中的"合并单元格"按钮，合并单元格。
(8) 将光标放在表格 Table1 的第一行中，依次单击"插入"→"图像"菜单命令，在光标

图 5-1 "页面属性"对话框

位置插入图像 banner.jpg。

（9）将光标放在表格 Table1 的第二行第一列中,单击"常用"插入面板中的 按钮,如图 5-3 所示设置表格的属性,然后单击"确定"按钮在光标位置插入一个表格(为便于叙述,命名为 Table2)。

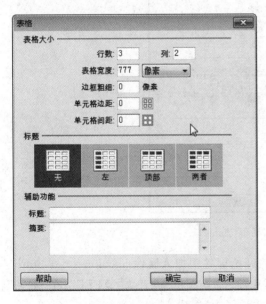 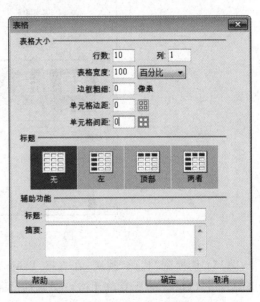

图 5-2 "表格"对话框(Table1)　　　　图 5-3 "表格"对话框(Table2)

（10）选中表格 Table2 的所有单元格,在"属性"面板中的"水平"列表中选择"居中对齐"选项,在"垂直"列表中选择"居中"选项,在"高"文本框中输入数值"25"。

（11）在表格 Table2 的第 2~9 行中依次输入文本:"首页"、"公司概况"、"运输费用"、"运作流程"、"往返专线"、"行业法规"、"加盟合作"、"业务联系"、"在线留言"。

（12）将光标放在表格 Table1 的第二行第二列,单击"属性"面板中的 按钮。在弹出的对话框中选择"行"选项,并且在"行数"文本框中输入数值"2"(如图5-4所示),然后单击"确定"按钮,将光标所在单元格拆分为两行一列。

图5-4 "拆分单元格"对话框

(13) 将光标放在拆分单元格第一行中,在"属性"面板的"水平"列表中选择"左对齐"选项。依次单击"插入"→"图像"命令,在光标位置插入图像 maintitle1.jpg。

(14) 将光标放在拆分单元格第二行中,单击"常用"插入面板中的 ⊞ 按钮,如图 5-5 所示设置表格的属性,然后单击"确定"按钮在光标位置插入一个表格(为便于叙述,命名为 Table3)。

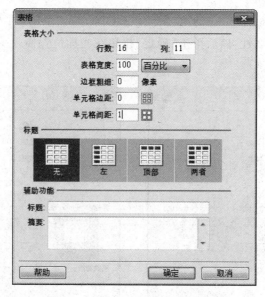

图 5-5 "表格"对话框(Table3)

(15) 切换到"代码"视图,在表格 Table3 的开始标签中加入属性 bgcolor=♯0066FF。选中表格 Table3 的所有单元格,在"属性"面板中将"背景颜色"设置为"♯FFF",在"水平"列表中选择"居中对齐"选项,在"垂直"列表中选择"居中"选项。

(16) 选中表格 Table3 的第一列,在"属性"面板中的"高"文本框中输入数值"20"。

(17) 将光标放在表格 Table3 的第一行中,在"属性"面板中的"高"文本框中输入数值"30",在"大小"列表中选择"14"选项,并且单击 **B** 按钮将单元格中字体设为粗体。

(18) 按照如图 5-6 所示在表格 Table3 中合并单元格和调整列宽。

(19) 在表格 Table3 中输入文本,如图 5-7 所示。

(20) 选中表格 Table1 的第三行,单击"属性"面板中的 按钮合并单元格。

图 5-6　表格 Table3 的外观

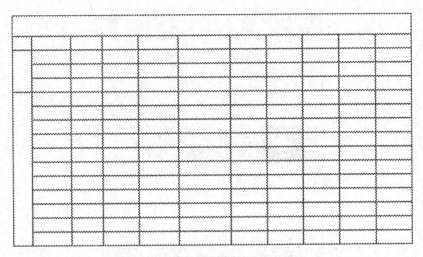

图 5-7　表格 Table3 中的文本

（21）将光标放在表格 Table1 的第三行中，单击"常用"插入面板中的 ⊞ 按钮，如图 5-8 所示设置表格的属性，然后单击"确定"按钮在光标位置插入一个表格（为便于叙述，命名为 Table4）。

（22）选中表格 Table4，在"属性"面板的"水平"列表中选择"居中对齐"选项，在"垂直"列表中选择"居中"选项。

（23）将光标放在表格 Table4 的第二行中，依次单击"插入"→HTML→"水平线"菜单命令，在光标位置插入一条水平线，水平线的设置如图 5-9 所示。

（24）在表格 Table4 的第三行输入文本"Copyright © 2007 上海通路物流有限公司 All right reserved"。

（25）保存网页文档，然后单击"文档"工具栏中的 按钮（或按 F12 键）预览网页，如图 5-10 所示。

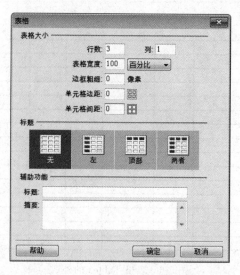

图 5-8 "表格"对话框(Table4)

图 5-9 水平线的属性设置

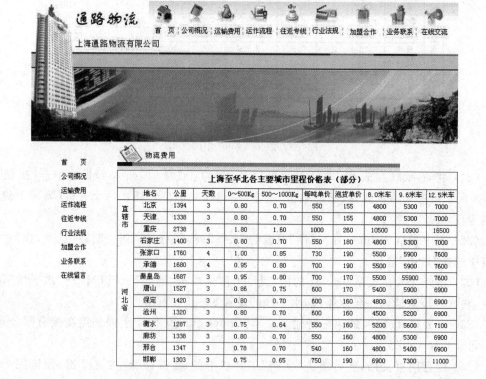

图 5-10 "运输价格"网页的最终效果

实验 6　　多媒体网页设计

实验目的

(1) 掌握图像的插入及编辑操作。
(2) 掌握 Flash 动画的插入及编辑操作。
(3) 掌握在网页中使用音频信息的基本方法。

实验任务及要求

(1) 认真阅读主教材第 5 章中的有关内容。
(2) 掌握使用图像、动画及音频素材进行网页设计。

实验步骤及操作指导

1. 素材准备

(1) 在 C 盘根目录下创建文件夹 Ex06，路径 C:\Ex06 是本次实验的工作目录。
(2) 将"《大学计算机应用高级教程习题解答与实验指导》教学资源\第 2 篇网页设计\实验 6\素材\"文件夹中的所有文件及文件夹复制到"C:\Ex06"中。

2. 建立一个物流公司的"公司概况"网页文档

(1) 启动 Dreamweaver CS6，在开始页面的"新建"下，单击 HTML 选项新建一个空的网页文档。
(2) 依次单击"文件"→"另存为"命令（或按快捷键 Ctrl+S），将新建的网页文档以文件名"gsgk.html"保存到 C:\Ex06 目录下。
(3) 在"文档"工具栏的"标题"文本框中输入文本"公司概况"。
(4) 单击"属性"面板中的"页面属性"按钮，如图 6-1 所示设置页面的外观特征，然后单击"确定"按钮关闭"页面属性"对话框。
(5) 单击"常用"插入面板中的 ▦ 按钮，如图 6-2 所示设置表格的属性，然后单击"确定"按钮在光标位置插入一个表格（为便于叙述，命名为 Table1）。
(6) 选中 Table1 表格，在"属性"面板中的"对齐"列表中选择"居中对齐"选项。选中表格 Table1 中的所有单元格，在"属性"面板中的"水平"列表中选择"居中对齐"选项，在"垂直"列表中选择"顶端"选项。选中表格 Table1 的第一列，在"属性"面板中的"宽"文本框输入数值"233"。
(7) 选中表格 Table1 的第一行，单击"属性"面板中的 ▦ 按钮，合并单元格。
(8) 将光标放在表格 Table1 的第一行中，单击"常用"插入面板中的 ▦ 按钮，在光标位

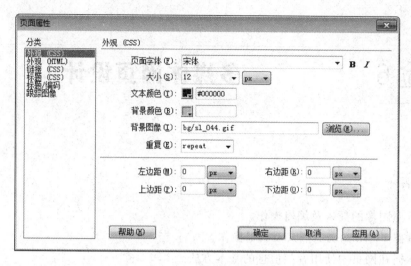

图 6-1 "页面属性"对话框

置插入图像 banner.jpg。

（9）将光标放在表格 Table1 的第二行第一列中，单击"常用"插入面板中的 按钮，按图 6-3 所示设置表格的属性，然后单击"确定"按钮在光标位置插入一个表格（为便于叙述，命名为 Table2）。

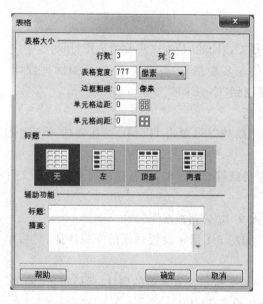

图 6-2 "表格"对话框（Table1）

图 6-3 "表格"对话框（Table2）

（10）切换到"代码"视图，在 Table2 表格的开始标签中加入属性 bgcolor=#CFEEFA。

（11）选中表格 Table2 的所有单元格，在"属性"面板中的"水平"列表中选择"居中对齐"选项，在"垂直"列表中选择"居中"选项。

（12）将光标放在表格 Table2 的第一行第一列中，在"属性"面板中的"宽"文本框中输入数值"7%"，并按照相似的操作将表格 Table2 的第二列的宽度设置为"85%"。

(13) 将光标放在表格 Table2 的第二行第二列中,单击"常用"插入面板中的 按钮,在光标位置插入图像 1.jpg。按照相似的方法在表格 Table2 第二列的第 3～10 行中分别插入图像:2.jpg、3.jpg、4.jpg、5.jpg、6.jpg、7.jpg、8.jpg 和 9.jpg,效果如图 6-4 所示。

图 6-4 "公司概况"网页中的垂直导航栏

(14) 将光标放在表格 Table1 的第二行第二列中,单击"常用"插入面板中的 按钮,按如图 6-5 所示设置表格的属性,然后单击"确定"按钮在光标位置插入一个表格(为便于叙述,命名为 Table3)。

图 6-5 "表格"对话框(Table3)

(15) 选中表格 Table3 的所有单元格,在"属性"面板中的"水平"列表中选择"左对齐"选项,在"垂直"列表中选择"顶端"选项。

(16) 将光标放在表格 Table3 的第一行中,在"属性"面板中的"背景颜色"文本框中输入"♯CFEEFA"。

(17) 将光标放在表格 Table3 的第二行中,依次单击"插入"→"媒体"→SWF 命令,将 Flash 动画文件 C:\Ex06\swf\F1.swf 插入到光标位置。

(18) 选中插入的 Flash 动画,在"属性"面板中的"宽"文本框中输入数值"543",在"高"文本框中输入数值"55"。

(19) 将光标放在表格 Table3 的第三行中,单击"常用"插入面板中的 按钮,在光标位置插入图像 maintitle1.jpg。

(20) 将文件"公司概况.txt"中的文本复制到表格 Table3 的第 4 行中。

(21) 将光标分别放在文本的每一段开始位置,连续按 Shift+Ctrl+Space 组合键 4 次,在每一段的首行添加 4 个空格。将光标分别放在每一段的末尾,然后依次单击"插入"→HTML→"特殊字符"→"换行符"命令,在每一段的末尾插入一个空行。

(22) 将光标放在文本中,依次单击"文本"→"缩进"命令,对段落进行两端缩进。

(23) 选中表格 Table1 的第三行,单击"属性"面板中的 按钮合并单元格。

(24) 将光标放在表格 Table1 的第三行中,单击"常用"插入面板中的 按钮,按如图 6-6 所示设置表格的属性,然后单击"确定"按钮在光标位置插入一个表格(为便于叙述,命名为 Table4)。

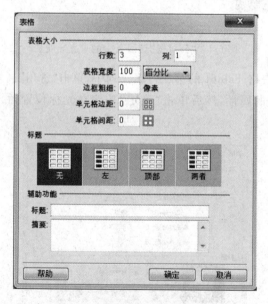

图 6-6 "表格"对话框(Table4)

(25) 选中表格 Table4,在"属性"面板的"水平"列表中选择"居中对齐"选项,在"垂直"列表中选择"居中"选项。

(26) 将光标放在表格 Table4 的第一行中,依次单击"插入"→HTML→"水平线"命令,在光标位置插入一条水平线,水平线的设置如图 6-7 所示。

图 6-7　水平线的属性设置

(27) 在表格 Table4 的第二行输入文本"Copyright © 2007 上海通路物流有限公司 All right reserved"。在表格 Table4 的第三行输入文本"地址：上海市古浪路 518 弄 236 号商务楼　电话：021-67144536　传真：021-67144537　E-Mail：admin@tonglu.com"。

(28) 切换到代码视图，在＜head＞…＜/head＞标签中间加入背景音乐标签文本"＜bgsound src＝"bg\79.mid" loop="－1" /＞"。

(29) 保存网页文档，然后单击"文档"工具栏中的 按钮(或按 F12 键)预览网页，如图 6-8 所示。

图 6-8　"公司概况"网页的最终效果

实验 7　创建网页链接

实验目的

(1) 理解网页中超链接的概念。
(2) 掌握常见超链接的创建方法。

实验任务及要求

(1) 认真阅读主教材第 6 章中的有关内容。
(2) 使用超链接建立多网页的站点。

实验步骤及操作指导

1. 素材准备

(1) 在 C 盘根目录下创建文件夹"Ex07",路径"C:\Ex07"是本次实验的工作目录。
(2) 将"《大学计算机应用高级教程习题解答与实验指导》教学资源\第 2 篇网页设计\实验 7\素材\"文件夹中的所有文件及文件夹复制到 C:\Ex07 中。

2. 创建一个本地站点

(1) 启动 Dreamweaver CS6,依次单击"站点"→"管理站点"命令,弹出"管理站点"对话框,如图 7-1 所示。

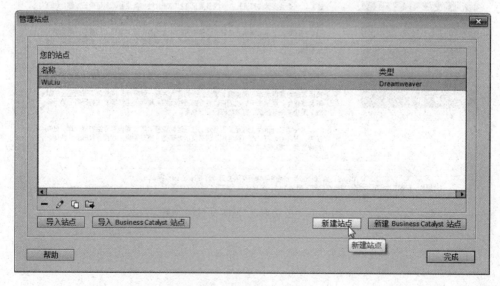

图 7-1　"管理站点"对话框

(2) 单击"新建"按钮,在弹出的菜单中选择"新建站点"命令,显示"站点设置对象未命名站点 1"对话框。选择左侧的"站点"项,在右侧的"站点名称"文本框中输入文本"通路物流",在"本地根文件夹"文本框中输入路径"C:\Ex07"(或单击右侧的 ▣ 按钮,浏览路径"C:\Ex07"),单击"保存"按钮,如图 7-2 所示。

图 7-2　高级设置

(3) 在"站点设置对象通路物流"对话框,选择右侧的"高级设置"→"本地信息"项,在右侧的"默认图像文件夹"文本框中输入路径"C:\Ex07\images\",如图 7-3 所示。

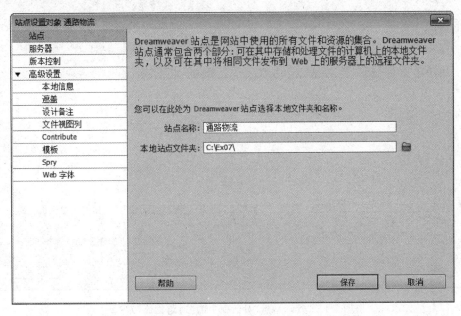

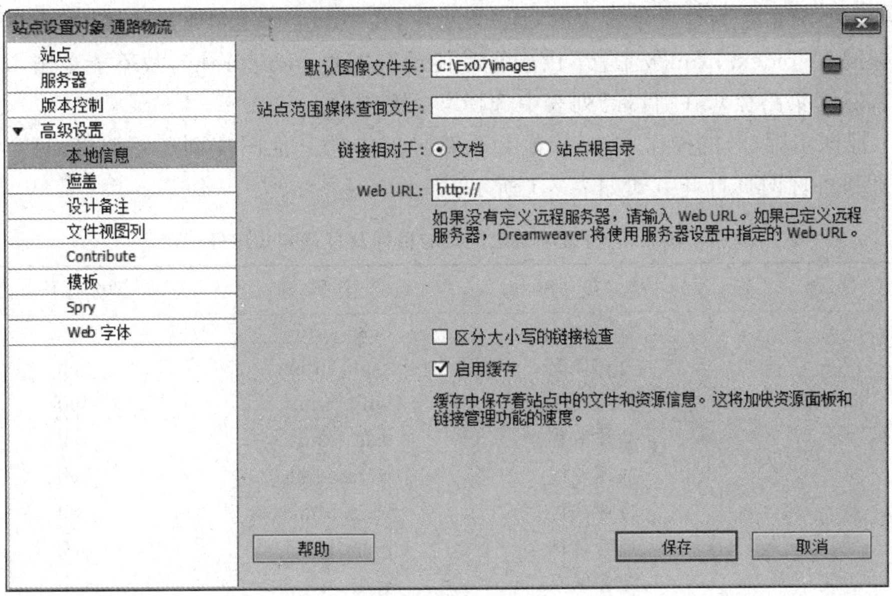

图 7-3　本地信息

(4) 单击"保存"按钮关闭"站点设置对象通路物流"对话框,回到"管理站点"对话框。此时在站点列表中便出现一个新建的站点"通路物流"(如图 7-4 所示),单击"完成"按钮关闭"管理站点"对话框。

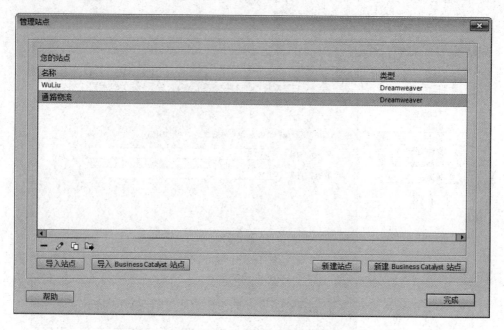

图 7-4 "管理站点"对话框中的"通路物流"站点

3. 创建图片及文本超链接

(1) 在"文件"面板的站点下拉列表中选择"通路物流"站点,然后在文件列表中双击网页文件 gsgk.html,在文档编辑窗口中打开 gsgk.html 网页。

(2) 选中网页左侧垂直导航中的"首页"图片,在"属性"面板中的"链接"文本框中输入链接目标网页"index.html"(注意:由于暂时还没有网页 index.html,故不能单击右侧的按钮选择目标网页路径),在"目标"列表中选择"_self"选项。

(3) 根据步骤(2)的操作方法,依次为垂直导航中的其他图片创建超链接,每个链接的目标网页和目标网页打开方式如表 7-1 所示。

表 7-1 垂直导航超链接的目标及打开方式序号

序 号	链 接 源	链 接 目 标	目标打开方式
1	首页	index.html	_self
2	公司概况	gsgk.html	_self
3	物流费用	wlfy.html	_self
4	动作流程	dzlc.html	_self
5	往返专线	wfzx.html	_self
6	行业法规	hyfg.html	_self
7	加盟合作	jmhz.html	_self
8	业务联系	ywlx.html	_self
9	在线交流	zxjl.html	_blank

(4) 选中 gsgk.html 网页底部的文本"admin@tonglu.com",在"属性"面板中的"链接"文本框中输入邮件超链接"mailto：admin@tonglu.com"。

4. 创建热点超链接

(1) 选择 gsgk.html 网页上部的图片 banner.jpg,单击"属性"面板中的 □ 按钮,在图片 banner.jpg 中绘制 9 个热点区域(注意：尽量让每个热点盖住图片中的文字),如图 7-5 所示。

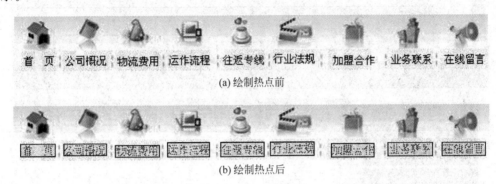

图 7-5　图片 banner.jpg 中的热点区域

(2) 依次选中热点区域,根据表 7-1,在"属性"面板中的"链接"和"目标"中输入链接目标和目标网页的打开方式。

5. 复制网页

(1) 右击"文件"面板中的网页文件 gsgk.html,在快捷菜单中依次单击"编辑"→"复制"命令(或按下快捷键 Ctrl+D),复制一个新的网页文件。右击复制生成的"gsgk-拷贝.html",在快捷菜单中依次单击"编辑"→"重命名"命令,将新网页文件改名为"index.html"。

(2) 双击"文件"面板中的 index.html 文件,在文档编辑窗口中打开网页。

(3) 选中 index.html 文件中主标题图片 maintitle1.jpg,单击"属性"面板中"源文件"右侧的 □ 按钮,选择 images/maintitle0.jpg。

(4) 选中"文件"面板中的 index.html 文件,连续按 Ctrl+D 快捷键 7 次,复制 7 个网页文件。

(5) 根据表 7-2,对新复制的网页文件重命名并修改网页中的主标题图片。

表 7-2　其余网页的文件名及主标题图片

序　号	新的文件名	主标题图片
1	wlfy.html	images/maintitle2.jpg
2	dzlc.html	images/maintitle3.jpg
3	wfzx.html	images/maintitle4.jpg
4	hyfg.html	images/maintitle5.jpg
5	jmhz.html	images/maintitle6.jpg
6	ywlx.html	images/maintitle7.jpg
7	zxjl.html	images/maintitle8.jpg

（6）依次单击"文件"→"保存全部"菜单命令，保存所有网页，然后单击"文档"工具栏中的 按钮（或按 F12 键）预览网页，并测试所有超链接，如图 7-6 所示。

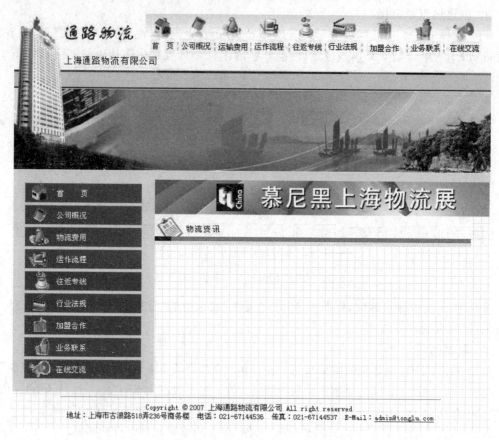

图 7-6 "通路物流"站点首页

实验 8　　使用框架和层布局网页

实验目的

(1) 理解框架和层的基本概念。
(2) 掌握使用框架和层布局网页的方法。

实验任务及要求

(1) 认真阅读主教材第 7 章中的有关内容。
(2) 制作论坛信息浏览网页。

实验步骤及操作指导

1. 素材准备

(1) 在 C 盘根目录下创建文件夹"Ex08",路径"C:\Ex08"是本次实验的工作目录。
(2) 将"《大学计算机应用高级教程习题解答与实验指导》教学资源\第 2 篇网页设计\实验 8\素材\"文件夹中的所有文件及文件夹复制到 C:\Ex08 中。

2. 创建框架集网页

(1) 启动 Dreamweaver CS6,依次单击"文件"→"新建"命令,弹出"新建文档"对话框。在对话框左侧选择"空白页"选项,然后在"页面类型"中选择 HTML 选项,最后在右侧的"布局"列表中选择"<无>"选项,如图 8-1 所示。

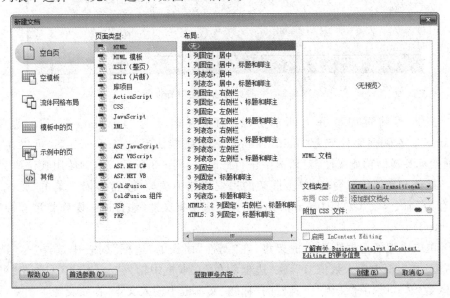

图 8-1　"新建文档"对话框

（2）单击"创建"按钮关闭"新建文档"对话框，依次单击"插入"→HTML→"框架"→"左对齐"命令，如图 8-2 所示。

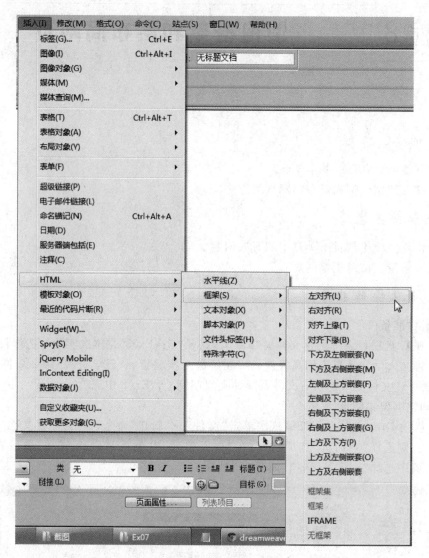

图 8-2　当前页面插入左对齐框架

（3）此时当前页面被分为两部分，左侧框架名字为"leftFrame"，其标题默认为"leftFrame"。右侧框架名字为"mainFrame"，其标题默认为"mainFrame"。可以在自动弹出的"框架标签辅助功能属性"对话框中进行修改，如图 8-3 所示。本例使用默认值。

（4）默认在文档编辑窗口，单击框架的边框线选中框架集，然后依次单击"文件"→"框架集另存为"命令，以"C:\Ex08\zxjl.html"保存框架集文件（注意这一操作将覆盖原有的文件 zxjl.html）。

（5）单击框架的边框线选中框架集，在"属性"面板的"边框"列表中选择"是"选项，在"边框宽度"文本框中输入数值"1"，在"边框颜色"文本框中输入"#CCCCCC"，在"列"文本框中输入数值"100"，在"文档"工具栏的"标题"文本框中输入文本"在线交流"。

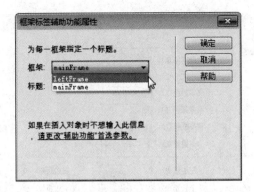

图 8-3 "框架标签辅助功能属性"保留默认标题

（6）将光标放在框架集左边的框架中，依次单击"文件"→"保存框架"命令，以文件名"left.html"保存框架网页。将光标放在框架集右边的框架中，依次单击"文件"→"保存框架"命令，以文件名"right.html"保存框架网页。

（7）单击"文档"工具栏中的 按钮（或按 F12 键）预览网页，如图 8-4 所示。

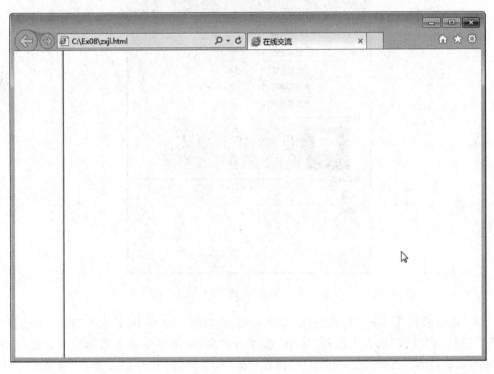

图 8-4　框架集网页效果

3. 建立 left.html 网页

（1）将光标放在框架集左边的框架中，单击"属性"面板中的"页面属性"按钮，如图 8-5 所示进行页面属性设置后，单击"确定"按钮关闭"页面属性"对话框。

（2）单击"常用"插入面板中的 按钮，按如图 8-6 所示设置表格的属性，然后单击"确定"按钮在光标位置插入一个表格（为便于叙述，命名为 Table1）。

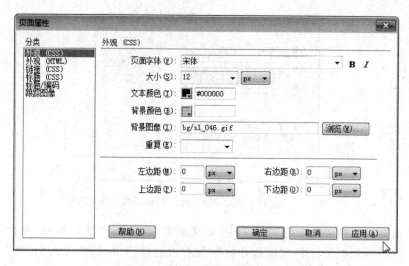

图 8-5 "页面属性"对话框(left)

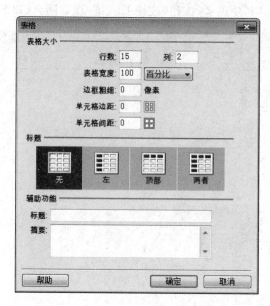

图 8-6 "表格"对话框(Table1)

(3) 选中表格 Table1 第一列的所有单元格,在"属性"面板中的"水平"列表中选择"右对齐"选项,在"垂直"列表中选择"居中"选项,在"高"文本框中输入数值"20"。选中表格 Table1 第二列的所有单元格,在"属性"面板中的"水平"列表中选择"左对齐"选项。

(4) 将光标放在表格 Table1 的第一行第一列中,在"属性"面板中的"宽"文本框中输入数值"15"。

(5) 将光标放在表格 Table1 的第二行第二列中,依次在表格 Table1 第二列的第 2~14 行中输入文本:"导读"、"热门话题"、"近日精彩话题"、"谈天说地"、"行业物流"、"物流案例精选"、"物流常识"、"物流保险"、"物流论文"、"物流考试"、"物流公司"、"个人文集区"以及"网络资源专区"。

(6) 依次单击"插入"→"图像"命令,在表格 Table1 第一列的第 2~14 行插入图像

star.gif。

（7）保存网页文档，然后单击"文档"工具栏中的 按钮（或按 F12 键）预览网页，如图 8-7 所示。

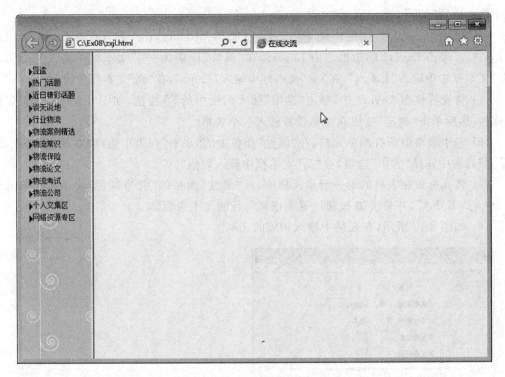

图 8-7　left.html 网页的效果

4. 建立 right.html 网页

（1）将光标放在框架集右边的框架中，单击"属性"面板中的"页面属性"按钮，如图 8-8 所示进行页面属性设置后，单击"确定"按钮关闭"页面属性"对话框。

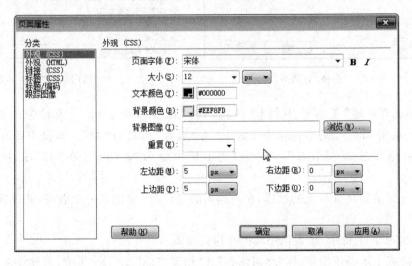

图 8-8　"页面属性"对话框（right）

(2) 将光标放在框架集右边的框架中，依次单击"插入"→"图像"命令，在光标位置插入图像 product.jpg。

(3) 选中图像 product.jpg，在"属性"面板的"宽"文本框中输入数值"660"，在"高"文本框中输入数值"120"。

(4) 单击"布局"工具栏中的 按钮，在图像 product.jpg 下方绘制一个 AP Div (Layer1)。单击 Layer1 的边框选中 Layer1，在"属性"面板的"左"文本框中输入"5px"，在"上"文本框中中输入"134px"，在"宽"文本框中输入"320px"，在"高"文本框中输入"200px"。

(5) 将光标放在 Layer1 中，单击"常用"插入面板中的 按钮，如图 8-9 所示设置表格的属性，然后单击"确定"按钮在光标位置插入一个表格。

(6) 选中表格中所有的单元格，在"属性"面板中的"水平"列表中选择"左对齐"选项，在"垂直"列表中选择"居中"选项，在"高"文本框中输入数值"20"。

(7) 将光标放在表格的第一行单元格中，在"属性"面板的"背景颜色"文本框中输入颜色值"♯B6E3FA"，并单击 B 按钮设置表格第一行的文本为粗体。

(8) 如图 8-10 所示，在表格中输入相应的文本。

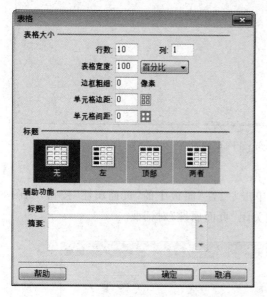

图 8-9 "表格"对话框(2)

图 8-10 "热门话题"层的外观

(9) 单击"布局"工具栏中的 按钮，在图像 product.jpg 下方绘制一个 AP Div (Layer2)。单击 Layer2 的边框选中 Layer2，在"属性"面板的"左"文本框中输入"340px"，在"上"文本框中输入"134px"，在"宽"文本框中输入"320px"，在"高"文本框中输入"200px"。

(10) 仿照第(5)～(7)步的操作，在新插入的 AP Div 中建立一个表格，并设置表格的相关属性。

(11) 如图 8-11 所示，在表格中输入相应的文本。

(12) 按照上述操作步骤，在"热门话题"和"物流知识"AP Div 下方，再建立两个 AP Div (Layer3、Layer4)，外观如图 8-12 所示。

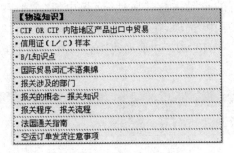

图 8-11 "物流知识"层的外观

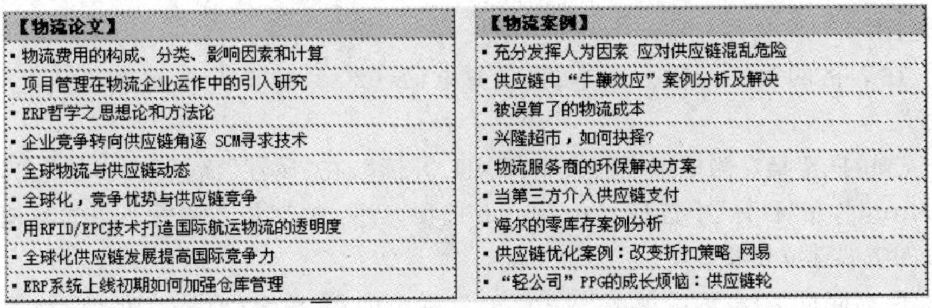

图 8-12 "物流论文"和"物流案例"AP Div 的外观

(13) 单击"布局"工具栏中的 按钮,在文档编辑窗口下方再绘制一个 AP Div(Layer5)。单击 Layer5 的边框选中 Layer5,在"属性"面板的"左"文本框中输入"5px",在"上"文本框中输入"566px",在"宽"文本框中输入"660px",在"高"文本框中输入"80px"。

(14) 将光标放在新建 AP Div 的内部,单击"常用"插入面板中的 按钮,如图 8-13 所示设置表格的属性,然后单击"确定"按钮在光标位置插入一个表格。

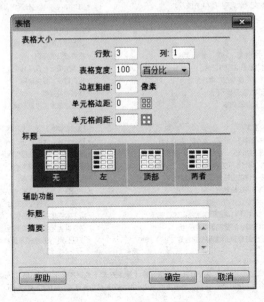

图 8-13 "表格"对话框(3)

(15) 选中表格中所有的单元格,在"属性"面板中的"水平"列表中选择"居中对齐"选项,在"垂直"列表中选择"居中"选项,在"高"文本框中输入数值"20"。

(16) 依次单击"插入"→HTML→"水平线"命令,在表格的第一行插入一个水平线,其属性设置如图 8-14 所示。

图 8-14　水平线的属性设置

(17) 在表格的第二行输入文本:"关于 ZXJL ｜广告报价｜联系方式｜免责声明｜用户帮助｜网站地图"。

(18) 在表格的第三行输入文本:"服务电话:020-51665519 本站许可证:京 ICP 证 080356 号"。

(19) 选中框架集左侧框架中的文本"ZXJL 导读",在"属性"面板的"链接"文本框中输入"right.html",在"目标"中选择 mainFrame 选项。注:框架集左侧框架中的其他文本,也可以相似的方式建立链接。

(20) 保存网页文档,然后单击"文档"工具栏中的 ![] 按钮(或按 F12 键)预览网页,如图 8-15 所示。

图 8-15　"在线交流"网页的最终效果

实验 9　　设计表单网页

实验目的

（1）理解表单的概念和基本作用。
（2）掌握设计表单网页的基本方法。

实验任务及要求

（1）认真阅读主教材第 8 章中的有关内容。
（2）制作具有信息提交功能的网页。

实验步骤及操作指导

1. 素材准备

（1）在 C 盘根目录下创建文件夹"Ex09"，路径"C:\Ex09"是本次实验的工作目录。

（2）将"《大学计算机应用高级教程习题解答与实验指导》教学资源\第 2 篇网页设计\实验 9\素材\"文件夹中的所有文件及文件夹复制到 C:\Ex09 中。

2. 创建"业务联系"网页

（1）启动 Dreamweaver CS6 软件，依次单击"文件"→"打开"命令，打开本次实验工作目录中的文件 C:\Ex09\ywlx.html。

（2）将光标放在图像 maintitle7.jpg 下方的单元格中，单击"表单"插入面板中的 ▢ 按钮，在光标位置插入一个表单域。

（3）将光标放在表单域中，单击"常用"插入面板中的 ▦ 按钮，如图 9-1 所示设置表格的属性，然后单击"确定"按钮在光标位置插入一个表格（为便于描述将新建的表格命名为 Table1）。

（4）切换到"代码"视图，在表格 Table1 的开始标签中加入属性 bgcolor=♯DBDBDB。

（5）选中表格 Table1 第一列的所有单元格，在"属性"面板中的"水平"列表中选择"右对齐"选项，在"垂直"列表中选择"居中"选项，在"高"文本框中输入数值 30，在"背景颜色"文本框中输入颜色值"♯E9F3FE"。

（6）选中表格 Table1 第二列的所有单元格，在"属性"面板中的"水平"列表中选择"左对齐"选项，在"垂直"列表中选择"居中"选项，在"背景颜色"文本框中输入颜色值"♯FFF"。

（7）选中表格 Table1 的第一行，单击"属性"面板中的"合并单元格"按钮合并单元格，并在单元格中输入文本："欢迎选择通路物流，为了更好地为您提供服务，请认真填写以下各项信息"。选中这行文本，在"属性"面板中 CSS 选项的"大小"列表中选择"14"选项，在

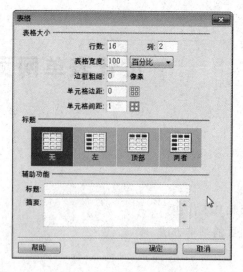

图 9-1　“表格”对话框 Table1

“文本颜色”文本框中输入颜色值“#006633”，并单击 **B** 按钮将文本设置为粗体。在“属性”面板中的“水平”下拉列表中选择“居中对齐”选项，将文本居中对齐。

(8) 在表格 Table1 第一列的第 2～15 行单元格中依次输入文本：“登录会员名：”、“登录密码：”、“公司完整名称：”、“证件类型：”、“证件号码：”、“联系人姓名：”、“选择所在省份：”、“联系地址：”、“邮政编码：”、“联系电话：”、“联系传真：”、“手　机：”、“电子邮件：”以及“阅读协议：”。

(9) 选中表格 Table1 第一列的第 2～14 行单元格，单击“属性”面板中的 **B** 按钮将文本设置为粗体，如图 9-2 所示。

欢迎选择通路物流，为了更好地为您提供服务，请认真填写以下各项信息	
登录会员名：	
登录密码：	
公司完整名称：	
证件类型：	
证件号码：	
联系人姓名：	
选择所在省份：	
联系地址：	
邮政编码：	
联系电话：	
联系传真：	
手　机：	
电子邮件：	
阅读协议：	

图 9-2　表格 Table1 中的标题文本

(10) 将光标放在表格 Table1 的第二行第二列中,单击"表单"插入面板中的 ▭ 按钮,在光标位置插入一个文本字段。选中这个文本字段,在"属性"面板的"字符宽度"文本框中输入数值"24",在"最多字符数"文本框中输入数值"16"。在文本框的后面输入文本"由字母、数字、下划线组成(4~16 位)"。

(11) 将光标放在表格 Table1 的第三行第二列中,单击"表单"插入面板中的 ▭ 按钮,在光标位置插入一个文本字段。选中这个文本字段,在"属性"面板的"字符宽度"文本框中输入数值"16",在"最多字符数"文本框中输入数值"16",在"类型"中选择"密码"选项。在文本框的后面输入文本"由字母、数字、下划线组成(6~16 位)"。

(12) 将光标放在表格 Table1 的第 4 行第 2 列中,单击"表单"插入面板中的 ▭ 按钮,在光标位置插入一个文本字段。选中这个文本字段,在"属性"面板的"字符宽度"文本框中输入数值"30",在"最多字符数"文本框中输入数值"40"。在文本框的后面输入文本"个人填姓名"。

(13) 将光标放在表格 Table1 的第 5 行第 2 列中,单击"表单"插入面板中的 ⦿ 按钮,在弹出的"输入标签辅助功能属性"对话框中的 ID 文本框中输入文本"rd_ID","标签"文本框中输入文本"企业营业执照号码"(如图 9-3 所示),然后单击"确定"按钮在光标位置插入一个单选按钮。

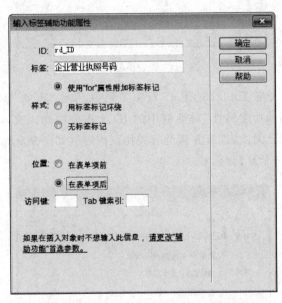

图 9-3 "输入标签辅助功能属性"对话框

(14) 使用类似的方法,在第一个单选按钮后面插入另外一个"标签"为"个人身份证号码"的单选按钮。选中左侧的单选按钮,在"属性"面板中的"初始状态"设为"已选中"选项。

(15) 根据上述操作方法,在表格 Table1 第二列的第 6~14 行单元格中(第 8 行除外),依次插入 8 个文本字段,其属性如表 9-1 所示。

(16) 将光标放在表格 Table1 的第 8 行第 2 列中,单击"表单"插入面板中的 ▤ 按钮,在光标位置插入一个下拉列表。选中下拉列表,单击"属性"面板中的"列表值"按钮,弹出"列表值"对话框,如图 9-4 所示。单击"列表值"对话框中的 ⊞ 按钮,在列表中添加我国的省份

("项目标签"和"值"中的内容相同)。

表 9-1 其余文本字段的属性设置行号

行 号	标 题 文 本	"字符宽度"	"最多字符数"
6	证件号码	30	30
7	联系人姓名	24	24
9	联系地址	40	60
10	邮政编码	20	6
11	联系电话	20	18
12	联系传真	20	18
13	手机	20	12
14	电子邮件	30	40

注:文本字段的"字符宽度"和"最多字符数"属性可根据实际情况自行设置。

图 9-4 "列表值"对话框

(17) 将光标放在表格 Table1 的第 15 行第 2 列中,单击"表单"插入面板中的 ☑ 按钮,在弹出的"输入标签辅助功能属性"对话框中的 ID 文本框中输入文本"cb_Agree","标签"文本框中输入文本"我已阅读、理解并接受有关协议内容"(如图 9-5 所示),然后单击"确定"按钮在光标位置插入一个复选框。

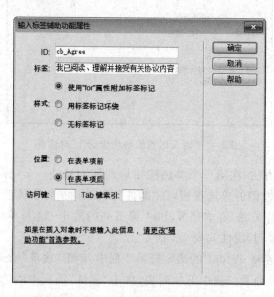

图 9-5 "输入标签辅助功能属性"对话框

(18) 将光标放在表格 Table1 的第 16 行第 2 列中，连续两次单击"表单"插入面板中的 ▢ 按钮，在光标位置插入两个按钮。选中右侧的按钮，在"属性"面板中的"动作"选项设置为"重置表单"。将光标放在两个按钮中间，连续按 5 次 Shift＋Ctrl＋Space 组合键，在按钮中间输入 5 个空格字符。

(19) 保存网页文档，然后单击"文档"工具栏中的 ▢ 按钮（或按 F12 键）预览网页，如图 9-6 所示。

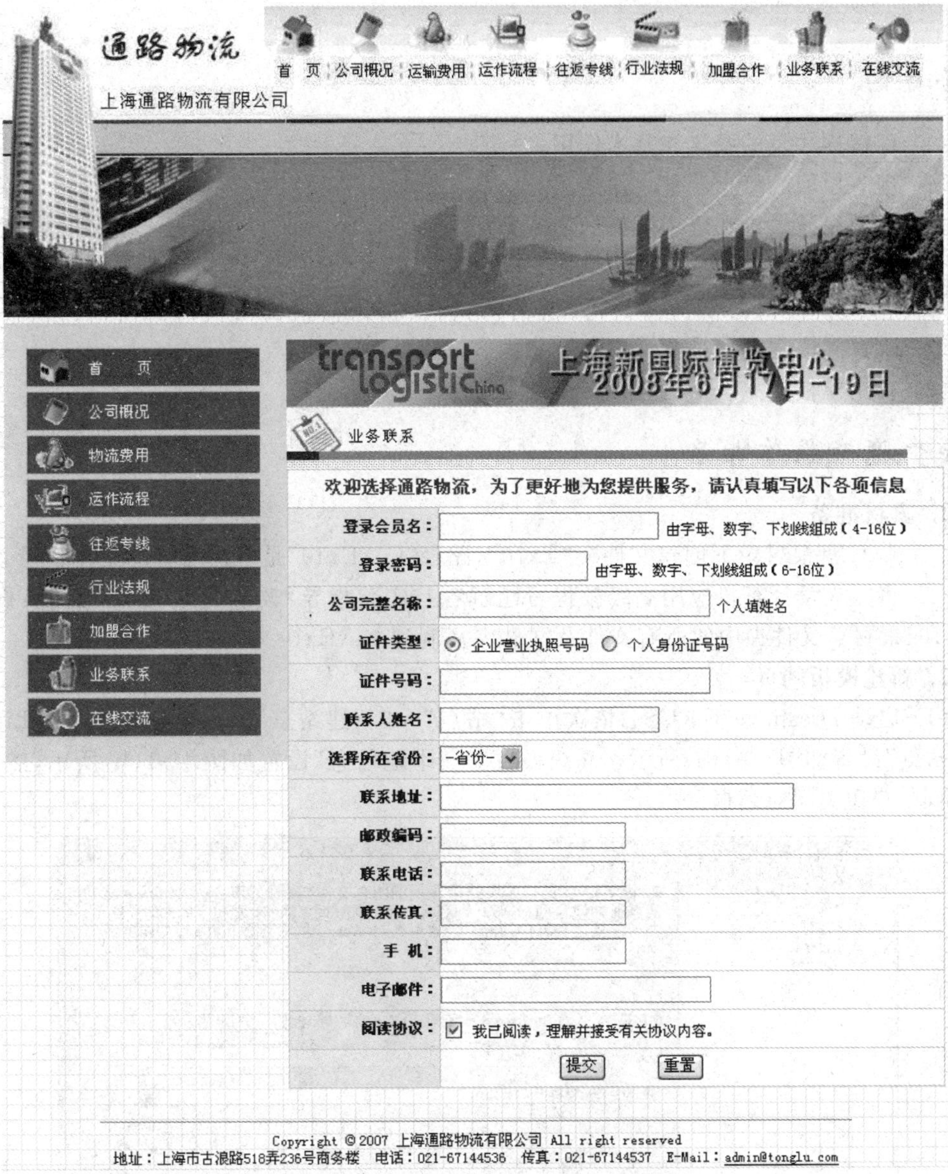

图 9-6 "业务联系"网页的最终效果

实验 10　样式表与模板

实验目的

(1) 理解样式表的概念和基本作用。
(2) 理解模板的概念和基本作用。
(3) 掌握设计模板和应用模板的基本方法。

实验任务及要求

(1) 认真阅读主教材第 9 章中的有关内容。
(2) 利用模板建立一个"通路物流"站点。

实验步骤及操作指导

1. 素材准备

(1) 在 C 盘根目录下创建文件夹"Ex10",路径"C:\Ex10"是本次实验的工作目录。

(2) 将"《大学计算机应用高级教程习题解答与实验指导》教学资源\第 2 篇网页设计\实验 10\素材\"文件夹中的所有文件及文件夹复制到 C:\Ex10 中。

2. 新建模板网页

(1) 启动 Dreamweaver CS6,依次单击"站点"→"新建站点"命令新建一个"WuLiu"站点,"站点"设置如图 10-1(a)所示,"高级设置"→"本地信息"设置如图 10-1(b)所示,然后单击"确定"按钮关闭对话框。

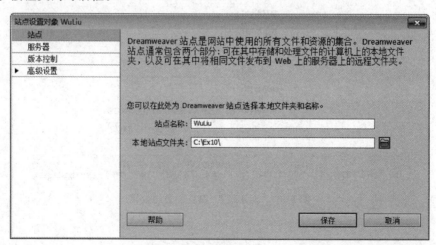

(a)

图 10-1　"站点设置对象 WuLiu"对话框

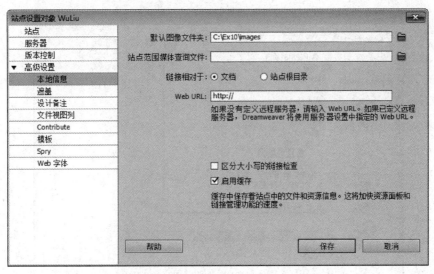

(b)

图 10-1 （续）

（2）依次单击"文件"→"新建"命令，弹出"新建文档"对话框。在左侧选择"空白页"选项，在"页面类型"列表中选择"HTML 模板"，如图 10-2 所示。

图 10-2 "新建文档"对话框

（3）单击"创建"按钮关闭对话框，进入文档编辑窗口。单击"文件"→"另存为"命令弹出"另存为"对话框。Dreamweaver CS6 自动在站点当前目录 C:\Ex10 下生成 Template 目录，在"文件名"文本框中输入"WuLiu_Template"，如图 10-3 所示。

图 10-3 "另存为"对话框

(4) 单击"保存"按钮,将保存模板文件到 WuLiu 站点。完成此操作后,"文件"面板的站点目录下出现 Templates 文件夹及 WuLiu_Template.dwt 文件,如图 10-4 所示。

(5) 单击"属性"面板中的"页面属性"按钮,按如图 10-5 所示设置页面属性,然后单击"确定"按钮关闭对话框。在"文档"工具栏的"标题"文本框中输入文本"通路物流"。

图 10-4 "文件"面板内容更新

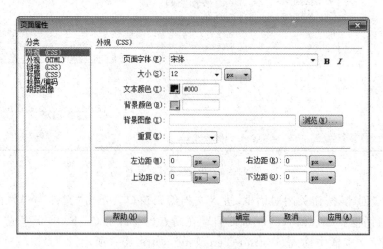

图 10-5 "页面属性"对话框

(6) 单击"常用"插入面板中的 ⊞ 按钮,如图 10-6 所示设置表格的属性,然后单击"确定"按钮在光标位置插入一个表格(为便于叙述,命名为 Table1)。

(7) 单击表格 Table1 的边框选中表格,在"属性"面板中的"对齐"列表中选择"居中对齐"选项。

(8) 选中表格 Table1 的所有单元格,在"属性"面板中的"水平"列表中选择"居中对齐"选项,在"垂直"列表中选择"居中"选项。选中表格 Table1 第一列的所有单元格,在"属性"面板中的"宽"文本框中输入数值"232"。

(9) 选中表格 Table1 第一行,在"属性"面板中单击"合并单元格"按钮合并单元格。按照相似的方法合并表格 Table1 的第 2 行和第 4 行单元格。

(10) 将光标放在表格 Table1 的第一行中,依次单击"插入"→"图像"命令,在光标位置插入图像 product.jpg。

(11) 将光标放在表格 Table1 的第 2 行中,单击"常用"插入面板中的 ⊞ 按钮,按如图 10-7 所示设置表格的属性,然后单击"确定"按钮在光标位置插入一个表格(为便于叙述,命名为 Table2)。

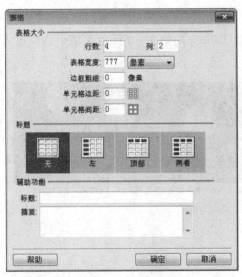
图 10-6 "表格"对话框(Table1)

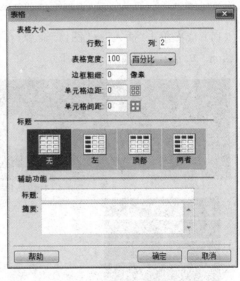
图 10-7 "表格"对话框(Table2)

(12) 选中表格 Table2 的所有单元格,在"属性"面板中的"水平"列表中选择"居中对齐"选项,在"垂直"列表中选择"居中"选项,在"高"文本框中输入数值"25"。

(13) 在表格 Table2 的第一列中输入文本"2008 年 04 月 07 日";在表格 Table2 的第二列中输入文本"首页|公司概况|物流费用|运作流程|往返专线|行业法规|加盟合作|业务联系|在线交流"。

(14) 将光标放在表格 Table1 的第三行第一列单元格中,单击"常用"插入面板中的 ⊞ 按钮,按如图 10-8 所示设置表格的属性,然后单击"确定"按钮在光标位置插入一个表格(为便于叙述,命名为 Table3)。

(15) 选中表格 Table3 的所有单元格,在"属性"面板中的"水平"列表中选择"居中对齐"选项,在"垂直"列表中选择"居中"选项。

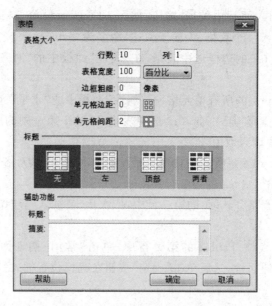

图 10-8 "表格"对话框(Table3)

(16) 依次单击"插入"→"图像"命令,在表格 Table3 的第 1~9 行单元格中依次插入图像 1.jpg~9.jpg,效果如图 10-9 所示。

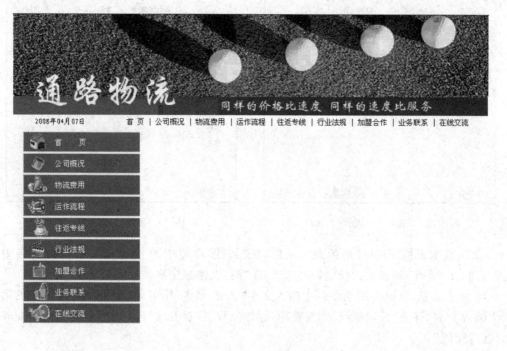

图 10-9 模板网页中的导航栏效果

(17) 将光标放在表格 Table1 的第 4 行单元格中,单击"常用"插入面板中的 按钮,如图 10-10 所示设置表格的属性,然后单击"确定"按钮在光标位置插入一个表格(为便于叙述,命名为 Table4)。

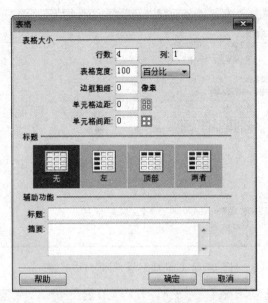

图 10-10 "表格"对话框(Table4)

(18) 选中表格 Table4 的所有单元格,在"属性"面板中的"水平"列表中选择"居中对齐"选项,在"垂直"列表中选择"居中"选项,在"高"文本框中输入数值"20"。

(19) 将光标放在 Table4 的第一行单元格中,依次单击"插入"→HTML→"水平线"菜单命令,在表格 Table4 的第一行插入一个水平线,选中水平线,其属性设置如图 10-11 所示。

图 10-11 水平线的属性设置

(20) 在表格 Table4 的第二行输入文本"关于 ZXJL|广告报价|联系方式|免责声明|用户帮助|网站地图"。在表格 Table4 的第三行输入文本"服务电话:020-51665519 本站许可证:京 ICP 证 080356 号"。

(21) 根据实验 7 中的表 7-1,分别为模板中的垂直和水平导航栏设置超链接。

3. 建立样式表格式化模板

(1) 接上步,单击"CSS 样式"面板右下角的 按钮,弹出"新建 CSS 规则"对话框。在"选择器类型"下拉列表中选择"类(可应用于任何 HTML 元素)"选项,在"选择器名称"列表中输入文本"Text_Style",然后在"规则定义"下拉列表中选择"(仅限该文档)"选项,如图 10-12 所示。

(2) 单击"确定"按钮,显示".Text_Style 的 CSS 规则定义"对话框。在"分类"列表中选择"类型"选项,按照图 10-13 所示进行设置,然后单击"确定"按钮创建样式".Text_Style"。

(3) 单击"CSS 样式"面板右下角的 按钮,弹出"新建 CSS 规则"对话框。在"选择器类型"下拉列表中选择"复合内容(基于选择的内容)"选项,在"选择器名称"下拉列表中选择 a:link 选项,然后在"规则定义"列表中选择"(新建样式表文件)"选项,如图 10-14 所示。

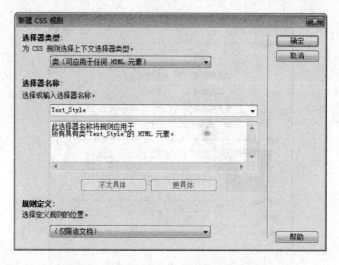

图 10-12 "新建 CSS 规则"对话框(类)

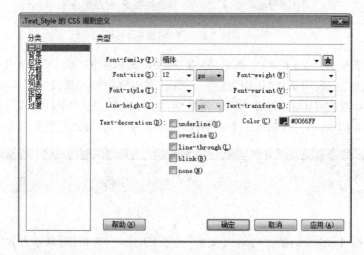

图 10-13 ".Text_Style 的 CSS 规则定义"对话框

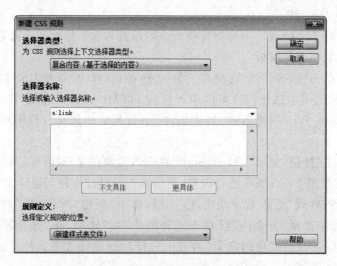

图 10-14 "新建 CSS 规则"对话框(复合内容 a:link)

(4)单击"确定"按钮,将新建的 CSS 文件保存到 C:\Ex10 文件夹中,并命名为"style.css",如图 10-15 所示。然后在弹出的"a:link 的 CSS 规则定义(在 style.css 中)"对话框中如图 10-16 所示进行设置完成后,单击"确定"按钮关闭对话框。

图 10-15 "将样式表文件另存为"对话框

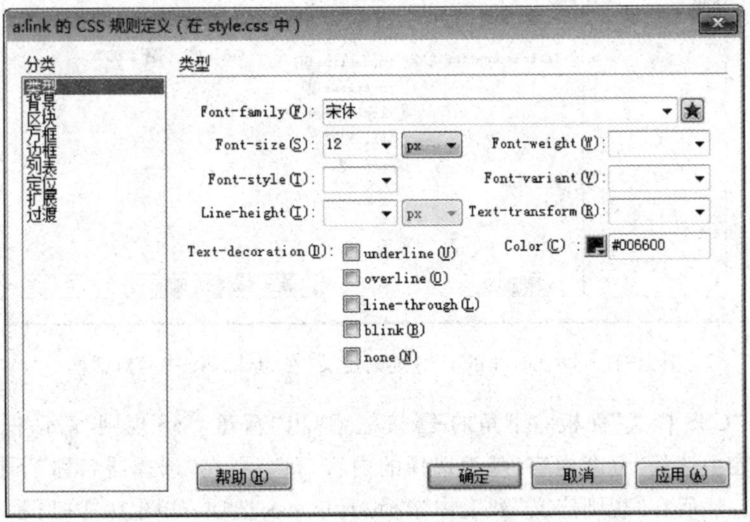

图 10-16 "a:link 的 CSS 规则定义(在 style.css 中)"对话框

(5)单击"CSS 样式"面板右下角的 按钮,弹出"新建 CSS 规则"对话框。在"选择器类型"下拉列表中选择"复合内容(基于选择的内容)"选项,在"选择器名称"下拉列表中选择 a:hover 选项,然后在"规则定义"列表中选择 style.css 选项,如图 10-17 所示。

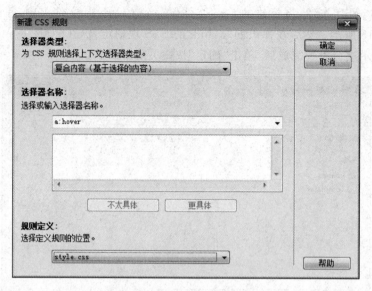

图 10-17 "新建 CSS 规则"对话框(复合内容 a：hover)

(6) 单击"确定"按钮,在弹出的"a：hover 的 CSS 规则定义(在 style.css 中)"对话框中如图 10-18 所示进行设置完成后,单击"确定"按钮关闭对话框。

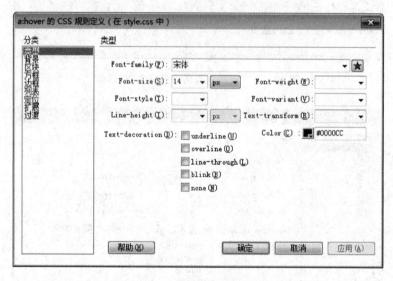

图 10-18 "a：hover 的 CSS 规则定义(在 style.css 中)"对话框

(7) 单击"CSS 样式"面板右下角的 按钮,弹出"新建 CSS 规则"对话框。在"选择器类型"下拉列表中选择"复合内容(基于选择的内容)"选项,在"选择器名称"下拉列表中选择 a：visited 选项,然后在"规则定义"列表中选择 style.css 选项,如图 10-19 所示。

(8) 单击"确定"按钮,在弹出的"a：visited 的 CSS 规则定义(在 style.css 中)"对话框中如图 10-20 所示进行设置完成后,单击"确定"按钮关闭对话框。

(9) 分别选中模板网页中的文本"2008 年 04 月 07 日"和"服务电话：021-51665519 本站许可证：京 ICP 证 080356 号",在"属性"面板的"样式"列表中选择 Text_Style 选项。

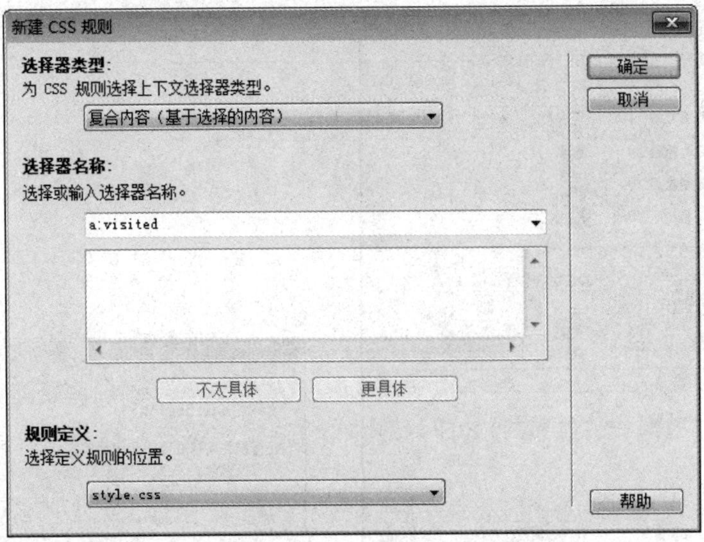

图 10-19 "新建 CSS 规则"对话框(复合内容 a：visited)

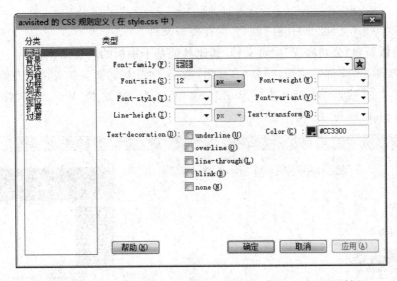

图 10-20 "a：visited 的 CSS 规则定义(在 style.css 中)"对话框

4. 在模板中建立可编辑区域

(1) 接上步,将光标放在表格 Table1 的第三行第二列中,在"属性"面板的"垂直"列表中选择"顶端"选项。单击"常用"插入面板中的 按钮,如图 10-21 所示设置表格的属性,然后单击"确定"按钮在光标位置插入一个表格(为便于叙述,命名为 Table5)。

(2) 选中表格 Table5 的所有单元格,在"属性"面板中的"水平"列表中选择"左对齐"选项,在"垂直"列表中选择"居中"选项。

(3) 选中表格 Table5,依次单击"插入"→"模板对象"→"可编辑区域"命令,弹出"新建可编辑区域"对话框,如图 10-22 所示。单击"确定"按钮关闭对话框,将表格 Table5 设为模板的可编辑区域。

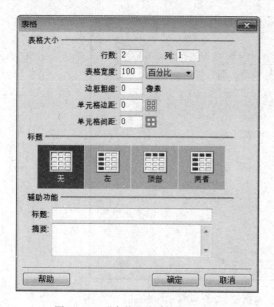
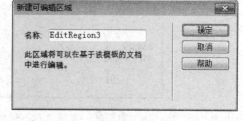

图 10-21 "表格"对话框(Table5)　　　　图 10-22 "新建可编辑区域"对话框

(4) 依次单击"文件"→"保存"命令,保存模板文件。

5. 从模板新建"公司概况"网页文档(新建其他基于模板的网页操作类似)

(1) 依次单击"文件"→"新建"命令,弹出"新建文档"对话框。在对话框左侧选择"模板中的页"选项,在"站点"列表中选择 WuLiu 选项,然后在"站点'WuLiu'的模板"中选择 WuLiu_Template 模板,如图 10-23 所示。

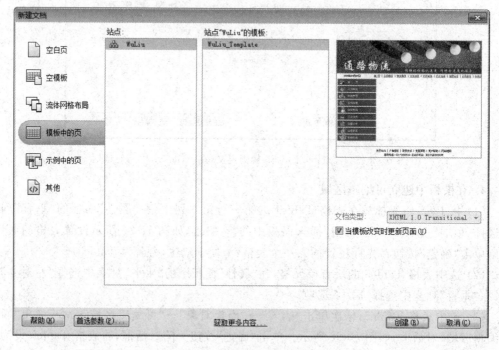

图 10-23 "新建文档(从模板新建)"对话框

(2) 依次单击"文件"→"保存"命令,以名称"gsgk.html"将新建的网页保存到C:\Ex10文件夹中。

(3) 将光标放在可编辑表格的第一行单元格中,依次单击"插入"→"图像"命令,在光标位置插入图像 images/maintitle1.jpg。

(4) 依照实验6的第(20)、(21)步的操作,将"公司概况"文本复制到可编辑表格的第二行单元格中。

(5) 保存网页文档,然后单击"文档"工具栏中的按钮(或按F12键)预览网页,如图10-24所示。

图10-24 "公司概况"网页的最终效果

第3篇　Excel数据分析与处理

本篇立足于《大学计算机高级应用教程》第3篇的相关内容,设计了5个实验。希望通过实际操作来巩固知识、增强理解、掌握技能。

实验11安排了使用Excel进行存贷款计算的练习。本次实验对应教材第10章前两节的内容。存贷款计算是一项政策性很强的业务,人民银行对于存贷款的计算方法有着明确的规定,存贷款利率的调整又是宏观经济调控的重要手段。同时,存贷款计算还涉及银行和客户双方的切身利益,容不得丝毫马虎。通过本次实验,一方面希望读者通过练习来掌握和巩固使用Excel提供的公式和函数来进行存贷款计算的技能,另一方面也希望能通过练习来培养读者在经济、金融工作中认真细致、严谨审慎的工作作风。

实验12安排了使用Excel提供的"规划求解"等工具来解决某些管理问题的练习。本次实验对应教材第10.3和10.4节的内容。财经院校的学生往往会接触到工商企业管理、财务管理的相关课程。这些课程涉及对企业的生产方案进行最优化设计,或者对企业拟投资的项目进行可行性分析,等等。希望通过这次实验为进一步地学习相关知识奠定感性认识。

另外,本次实验还安排了"金额大小写转换"和"编制个税计算器"两个练习,介绍了几个Excel的使用技巧,希望读者能够举一反三,能够充分发掘和使用Excel的强大功能。

实验13安排了数据整理与描述性整理的相关练习。本次实验对应教材第11章的内容。财经专业工作者将会在日常学习和工作中接触到大量数据。能够方便、快捷、直观、准确地对这些数据进行统计、分类和整理,反映其整体数量特征,是Excel最具特色的功能。本次实验的目的在于帮助读者掌握这些特色功能。

实验14安排了股票指数升降、利润费用分析等三个练习。本次实验对应教材第12章的内容。财经专业工作者往往要和大量的数据打交道,在数据中挖掘出互相关联的变化因素,就是进行相关分析和回归分析的目的。人们希望能够从各种各样的调查结果、统计数据中发现它们隐含的内在规律,从而指导人们在社会经济活动中得到更好的收益。通过本次实验帮助读者进一步熟悉 Excel 中的相关分析和回归分析工具。

实验15安排了时间序列分析的练习。本次实验对应教材第13章的内容。本质上来说,时间序列分析是回归分析的一种。它把时间变化作为相关分析中的一个最重要的因素加以考虑,力图发现观测结果与时间变化之间的关系。大量的宏观和微观经济指标和其他数据都经常被放置在时间坐标轴上加以分析、研究和预测。因此,我们将它从其他的相关分析中独立出来,重点介绍。通过本次实验,希望读者在前面实验的基础上,进一步掌握时间序列分析的方法和技巧。

实验 11　存贷款计算

实验目的

(1) 熟悉 Excel 贷款计算函数。
(2) 掌握使用 Excel 进行存款利息计算的基本方法。
(3) 掌握使用 Excel 进行不同方式偿还贷款的计算方法。

实验前准备

(1) 复习 Excel 函数基本操作。
(2) 了解存贷款利息本金计算的相关规定。
(3) 熟悉教材第 10 章相关内容。

实验任务及要求

(1) 通过实例练习掌握使用 Excel 计算活期存款本息金额。
(2) 通过实例练习掌握使用 Excel 计算定活两便存款利息。
(3) 掌握以下 Excel 函数的使用。
① PMT 函数。
功能：固定利率,等额本息还款条件下计算每期向银行支付的款项(包括本金和利息)。
② IPMT 函数。
功能：固定利率,等额本息还款条件下计算在某一给定期次内的利息偿还额。
③ PPMT 函数。
功能：固定利率,等额本息还款条件下计算在某一给定期次内的本金偿还额。
④ CUMIPMT 函数。
功能：固定利率,等额本息还款条件下计算在给定的期间累计偿还的利息数额。
⑤ CUMPRINC 函数。
功能：固定利率,等额本息还款条件下计算在给定的期间累计偿还的本金数额。
(4) 通过实例练习掌握使用 Excel 函数设计贷款还款方案。

实验步骤及操作指导

1. 活期存款计算

某人于 2014 年 4 月 2 日在银行开立活期储蓄账户,并于当日存入 2000 元,2014 年 6 月 9 日取出 1500 元,2014 年 6 月 15 日存入 5000 元,2014 年 8 月 21 日取出 4000 元,2014 年 10 月 25 日存入 2200 元。到 2014 年 11 月 18 日储户要求销户,此时储户实际得到的存款金额(本息合计)为多少?

参考操作步骤如下。

(1) 设计 Excel 表格,输入原始数据。存款为正,取款为负。

(2) 按照利息结转的规定,加入 6 月 20 日,9 月 20 日计息日和 6 月 21 日,9 月 21 日的结转操作,如图 11-1 所示。B10 单元格中的存入数据来自 E9 单元格结转的利息,B13 单元格中的存入数据来自 E12 单元格结转的利息。B10 单元格中输入公式:"=E9",B13 单元格中输入公式:"=E12",B15 单元格中输入公式:"=-C14"。

	A	B	C	D	E
1		活期储蓄利息计算			
2		基本信息			
3	利率		0.35%		
4		利息计算			
5	日期	存取	余额	日积数	利息
6	2014/4/2	2000			
7	2014/6/9	-1500			
8	2014/6/15	5000			
9	2014/6/20				
10	2014/6/21				
11	2014/8/21	-4000			
12	2014/9/20				
13	2014/9/21				
14	2014/10/25	2200			
15	2014/11/18				
16	本息合计		0.00		

图 11-1 活期储蓄计算表格

(3) 计算余额。本期余额等于上期余额加上本期存取额。在 C6 单元格中输入公式"=B6",在 C7 单元格中输入公式"=C6+B7"。然后向下填充复制到单元格 C15。

(4) 计算日积数。日积数是按日累积的每日余额。在 D7 单元格中输入公式"=C6*(A7-A6)+D6"。Excel 根据 A 列单元格中数据的日期属性,将(A7-A6)计算为两日期之间的天数,然后乘以该期间的余额,得到日积数。然后向下填充复制到单元格 D15。

按照计息规则,计息日当晚计息,当日产生的利息也要计入,实际相当于计算到 21 日。因此 D9 单元格要修改成"=C8*(A9-A8+1)+D8",D12 单元格要修改成"=C11*(A12-A11+1)+D11"。同时,计息后积数清零,D10 和 D13 单元格的公式修改为"=0"。

(5) 计算利息。本例中分别在 6 月 20 日,9 月 20 日以及储户销户时根据日积数来计算利息。利息等于本计息周期中日积数的和乘以计息日公布的日利率。在 E9 单元格中输入公式"=D9*B3/360"。相似地,在 E12 和 E15 单元格中分别输入"=D12*B3/360"和"=D15*B3/360"。

(6) 本息合计 B16 单元格"=-B15+E15"。得到计算结果如图 11-2 所示。

2. 定活两便存款计算

某人于 2014 年 4 月 3 日以定活两便方式存入本金 5000 元,假设分别于 2014 年 7 月 1 日、或 2014 年 10 月 1 日、或 2014 年 12 月 18 日、或 2015 年 12 月 1 日全部取出,请分别计算其利息。假设支取时定期储蓄三个月,半年期,一年期的利率分别为 1.71%,2.07%,2.25%,活期利率为 0.35%。

	A	B	C	D	E
1	活期储蓄利息计算				
2	基本信息				
3	利率		0.35%		
4	利息计算				
5	日期	存取	余额	日积数	利息
6	2014/4/2	2000	2,000.00		
7	2014/6/9	-1500	500.00	136000.00	
8	2014/6/15	5000	5,500.00	139000.00	
9	2014/6/20	0	5,500.00	172000.00	1.67
10	2014/6/21	1.67	5,501.67	0.00	
11	2014/8/21	-4000	1,501.67	335602.01	
12	2014/9/20	0	1,501.67	382153.84	3.72
13	2014/9/21	3.72	1,505.39	0.00	
14	2014/10/25	2200	3,705.39	51183.18	
15	2014/11/18	-3,705.39	0.00	140112.48	1.36
16	本息合计		3,706.75		

图 11-2　活期储蓄计算结果

参考操作步骤如下。

（1）设计 Excel 表格，输入原始数据如图 11-3 所示。

	A	B	C	D	E	F
1	定活两便存款利息计算					
2	基本信息					
3	存入日期	存入本金	活期年利率	3个月利率	半年期利率	一年期利率
4	2014/4/3	5000	0.35%	1.71%	2.07%	2.25%
5	利息计算					
6	取款日期	存款期限	适用期限	适用利率	利息	
7	2014/7/1					
8	2014/10/1					
9	2014/12/18					
10	2015/12/1					

图 11-3　定活两便储蓄计算表格

（2）计算存款时间。在 B7 单元格中输入公式"＝DAYS360（$A$4，A7）"，得到存款天数。请注意对 A4 单元格使用的绝对引用，以用于公式的自动填充。然后向下填充复制到单元格 B10。

（3）计算使用期限。在 C7 单元格中输入公式"＝IF(B7＜90,"活期",IF(B7＜180,"三个月",IF(B7＜360,"半年期","一年期")))"。这里使用了三层嵌套的 IF 语句，相关使用方法请参见 Excel 使用帮助。然后向下填充复制到单元格 C10。

（4）计算适用利率。在 D7 单元格中输入公式"＝IF(B7＜90，$C$4，IF(B7＜180，$D$4*0.6，IF(B7＜360，$E$4*0.6，$F$4*0.6)))"。然后向下填充复制到单元格 D10(注：这里为什么乘以 0.6，原因见定期两便储蓄的计算公式，参考例 10-3)。

（5）计算利息。在 E7 单元格中输入公式"＝$B$4*B7*D7/360"，然后向下填充复制到单元格 E10。得到结果如图 11-4 所示。

3. Excel 贷款财务函数

各函数用法请参看教材第 10 章。

如果某人申请住房贷款 400 000 元，贷款年利率为 7.11%，年限为 20 年，使用等额本息法按月偿还贷款，月末付款，请使用 PMT，IPMT，PPMT，CUMIPMT，CUMPRINC 函数分

	A	B	C	D	E	F
1	定活两便存款利息计算					
2	基本信息					
3	存入日期	存入本金	活期年利率	3个月利率	半年期利率	一年期利率
4	2014/4/3	5000	0.35%	1.71%	2.07%	2.25%
5	利息计算					
6	取款日期	存款期限	适用期限	适用利率	利息	
7	2014/7/1	88	活期	0.35%	4.28	
8	2014/10/1	178	三个月	1.03%	25.37	
9	2014/12/18	255	半年期	1.24%	43.99	
10	2015/12/1	598	一年期	1.35%	112.13	

图 11-4　定活两便储蓄计算结果

别计算每月还款额，第一期偿还的本金、利息，还款头一年内偿还的本金和利息合计数。

　　请注意，要使用 CUMPRINC 和 CUMPRINC 函数，需要安装"分析工具库"。单击"文件"标签，然后单击"选项"按钮，在弹出的"Excel 选项"对话框中单击左侧"加载项"项，在右侧"管理"栏选择"Excel 加载项"后单击"转到"按钮，在弹出的"加载宏"对话框中"可用加载宏"栏，选中"分析工具库"复选框后，单击"确定"按钮。此时才能使用这两个函数。

　　参考操作步骤如下。

（1）设计 Excel 表格，输入原始数据如图 11-5 所示。

（2）B7 单元格中输入公式："=PMT(B3/12，B4*12，-B2)"。

（3）B8 单元格中输入公式："=PPMT(B3/12，1，B4*12，-B2)"。

（4）B9 单元格中输入公式："=IPMT(B3/12，1，B4*12，-B2)"。

（5）B10 单元格中输入公式："=CUMPRINC(B3/12，B4*12，B2，1，12，0)"。

（6）B11 单元格中输入公式："=CUMIPMT(B3/12，B4*12，B2，1，12，0)"。

（7）计算结果如图 11-6 所示。

	A	B
1	等额本息还款计算	
2	贷款总额	400000
3	适用利率	7.11%
4	贷款年限	20
5	还款方式	等额本息
6		
7	每月还款额	
8	第一期偿还本金	
9	第一期偿还利息	
10	第一年偿还本金合计	
11	第一年偿还利息合计	

图 11-5　等额本息贷款计算表格

	A	B
1	等额本息还款计算	
2	贷款总额	400000
3	适用利率	7.11%
4	贷款年限	20
5	还款方式	等额本息
6		
7	每月还款额	¥3,127.66
8	第一期偿还本金	¥757.66
9	第一期偿还利息	¥2,370.00
10	第一年偿还本金合计	-9394.155258
11	第一年偿还利息合计	-28137.78601

图 11-6　等额本息贷款计算结果

4. 贷款还款方案

　　如果某人申请住房贷款 500 000 元，贷款年利率为 7.11%，年限为 20 年，使用等额本息法按月偿还贷款，月末付款，请为他设计还款方案，分别计算他每月偿还的本金和利息。

　　参考操作步骤如下。

（1）设计 Excel 表格如图 11-7 所示。

（2）在数据表中输入原始数据。请注意，为了方便显示，这里第 11～238 月的单元格被折叠。

	A	B	C	D	E
1			贷款账户数据		
2	贷款年限	20.00	年利率		7.11%
3	贷款金额	500000.00	还款方式	等额本息	
4			还款计划表		
5	月末	当月偿还本金	当月偿还利息	当月共偿还	剩余本金
6	1				
7	2				
8	3				
9	4				
10	5				
11	6				
12	7				
13	8				
14	9				
15	10				
244	239				
245	240				
246	合计				

图 11-7 等额本息贷款计算表格

(3) 在 B6 单元格中输入公式"= PPMT($D$2/12,A6,$B$2*12,－$B$3)",用于计算每一期偿还的本金。然后向下填充复制到单元格 B245。

(4) 在 C6 单元格中输入公式"= IPMT($D$2/12,A6,$B$2*12,－$B$3)",用于计算每一期偿还的利息。然后向下填充复制到单元格 C245。

(5) 在 D6 单元格中输入公式"= PMT($D$2/12,$B$2*12,－$B$3)",计算每一期应偿还的本息合计金额。然后向下填充复制到单元格 D245。

(6) 在 E6 单元格中输入公式"= $B$3－B6",在 E7 单元格中输入公式"= E6－B7",然后向下填充复制到单元格 E245。

(7) 在 B246 单元格中输入公式"= SUM(B6:B245)",在 C246 单元格中输入公式"= SUM(C6:C245)",在 D246 单元格中输入公式"= SUM(D6:D245)"。

计算结果如图 11-8 所示。

	A	B	C	D	E
1			贷款账户数据		
2	贷款年限	20.00	年利率		7.11%
3	贷款金额	500000.00	还款方式	等额本息	
4			还款计划表		
5	月末	当月偿还本金	当月偿还利息	当月共偿还	剩余本金
6	1	947.08	2962.50	3909.58	499052.92
7	2	952.69	2956.89	3909.58	498100.23
8	3	958.33	2951.24	3909.58	497141.90
9	4	964.01	2945.57	3909.58	496177.89
10	5	969.72	2939.85	3909.58	495208.17
11	6	975.47	2934.11	3909.58	494232.70
12	7	981.25	2928.33	3909.58	493251.45
13	8	987.06	2922.51	3909.58	492264.39
14	9	992.91	2916.67	3909.58	491271.48
15	10	998.79	2910.78	3909.58	490272.68
16	11	1004.71	2904.87	3909.58	489267.97
244	239	3863.66	45.92	3909.58	3886.55
245	240	3886.55	23.03	3909.58	0.00
246	合计	500000.00	438298.53	938298.53	

图 11-8 等额本息贷款计算结果

实验 12　投资与决策分析

实验目的

(1) 掌握使用 Excel 进行投资与决策分析的方法。
(2) 掌握 Excel 财务操作的若干技巧。

实验前准备

(1) 复习 Excel 函数基本操作。
(2) 熟悉教材第 10 章相关内容。

实验任务及要求

(1) 通过实例练习掌握使用 Excel 进行净现值计算。
(2) 通过实例练习掌握使用 Excel 进行规划求解,优化生产方案。
(3) 通过实例练习掌握使用 Excel 进行盈亏平衡分析。
(4) Excel 使用技巧——使用 Excel 进行金额大小写转换。
(5) Excel 使用技巧——使用 Excel 编制个税计算器。

实验步骤及操作指导

1. 净现值与投资评估方法

2012 年年底,某企业拟实施 ERP 项目,经过初步分析,ERP 项目需要投资 500 万元,建设期为一年,投入运行后,预计当年企业生产销售成本为 350 万元,可以实现收入 500 万元,此后,企业每年的生产销售成本为 600 万元,可以实现年销售收入 800 万元。总会计师按 12% 的贴现率,制作出公司从 2014 年至 2017 年的现金流量表,如表 12-1 所示。

表 12-1　现金流量表

年度 项目	建设期	经营期			
	2013	2014	2015	2016	2017
投资	500	350	600	600	600
收入		500	800	800	800

根据现金流量表和贴现率,利用 Excel 的 NPV 函数,计算该项目的净现值。
参考操作步骤如下。
(1) 设计 Excel 表格,输入原始数据如图 12-1 所示。

	A	B	C	D	E	F
1	年度	建设期		经营期		
2	项目	2013	2014	2015	2016	2017
3	投资	500	350	600	600	600
4	收入		500	800	800	800
5	收益	-500	150	200	200	200
6	贴现率	12%		项目净现值NPV	56.10	

图 12-1　净现值计算表格

(2) 在 B5 单元格中输入公式"＝B4-B3",得到建设期的收益。

(3) 向右填充至 F5 单元格,得到经营期各年的收益。

(4) 在 E6 单元格中输入公式"＝NPV(B6,B5:F5)"得到该项目的净现值为 56.1。

注意:*因该项目是 2012 年年底投入,所以在建设期当年现金也计入折现。若是 2013 年年初投入,则一般的公式应该是"＝NPV(B6,C5:F5)＋B5"。*

若某企业准备开发一个信息管理系统,其生存期为 5 年,该系统的预计成本和收益如图 12-2 所示,若贴现率也是 12%,当年不计入折现,则该项目的净现值为 308 188 元。

B6　=NPV(12%,C4:G4)+B4

	A	B	C	D	E	F	G
1		第0年	第1年	第2年	第3年	第4年	第5年
2	各年成本	-300000	-15000	-16000	-17000	-18000	-19000
3	各年销售收入	0	150000	170000	190000	210000	230000
4	利润	-300000	135000	154000	173000	192000	211000
5							
6		308188.09					

图 12-2　净现值计算表格

这两个项目的净现值均为正,则说明投入是可行的,但净现值法也有缺点。所以在不同的情况和需求下,一般还需要其他财务指标如内含报酬率等评估方法配合使用。

2. 内部收益率决策项目可行性

三个刚刚毕业的大学生想开一个网店,预计投资为 10 万元,并预期为今后 5 年的净收益为 15 000 元、21 000 元、28 000 元、36 000 元和 45 000 元。分别计算出投资两年、4 年以及 5 年后的内部收益率,试用内含报酬率法判断项目投资的可行性。

参考操作步骤如下。

(1) 设计 Excel 表格,输入原始数据如图 12-3 所示。

(2) 在 B8 单元格中输入公式"＝IRR(B1:B5)",并填充至 B9 单元格,得到 4 年后的内部收益率 0% 和 5 年后的内部收益率 11%

(3) 在 B7 单元格中输入公式"＝IRR(B1:B3,0.1)",得到两年后的内部收益率－46%。

	A	B
1	投资	-100000
2	预期第一年净收益	15000
3	预期第二年净收益	21000
4	预期第三年净收益	28000
5	预期第四年净收益	36000
6	预期第五年净收益	45000
7	二年后的内部收益率	-46.06%
8	四年后的内部收益率	0.00%
9	五年后的内部收益率	11.48%

图 12-3　内部收益率计算表格

5 年后的内部收益率为 11%,假如目前的基准收益率(基准折现率)8%,那说明该项目是可行的,假若目前的基准收益率(基准折现率)为 12%,说明这个项目是不可行的。

3. 规划求解，方案优化

某家具厂接到订单，需要生产电脑桌 100 张，书桌 80 张，现在厂里有两种规格的木料。一种是板材 A，成本每张 80 元，每张可以生产电脑桌 4 张，书桌 3 张。另一种是板材 B，成本每张 90 元，每张可以生产电脑桌和书桌各 4 张。请制定板材使用方案，使得完成订单的成本最低。

参考操作步骤如下。

(1) 设计 Excel 表格，输入原始数据如图 12-4 所示。

	A	B	C	D	E
1	生产方案决策				
2		板材A	板材B	实际产量	订单量
3	成本	80	90		
4	电脑桌	4	4	8	100
5	书桌	3	4	7	80
6	使用量	1	1		
7	总成本			170	

图 12-4 规划求解计算表格

(2) 根据题意，设定使用量初值。此处将板材 A 与板材 B 的初始值（即 B6 单元格和 C6 单元格）设为 1。

(3) 确定单元格原始数据、初始值与实际产量之间的计算关系。D4 单元格中输入公式"＝B6＊B4＋C6＊C4"，D5 单元格中输入公式"＝B6＊B5＋C6＊C5"。B7 单元格中输入公式"＝B6＊B3＋C6＊C3"。

(4) 规划求解参数的设定。在功能区选择"数据"选项卡，在"分析"组中单击"规划求解"按钮，在"规划求解参数"对话框中，"设置目标单元格"为"＄B＄7"，"等于："为最小值。"可变单元格"为"＄B＄6,＄C＄6"，在"约束"中，单击"添加"按钮，依次添加以下约束条件：＄B＄6＞＝0；＄B＄6＝整数；＄C＄6＞＝0；＄C＄6＝整数；＄D＄4＝＄E＄4；＄D＄5＝＄E＄5。如图 12-5 和图 12-6 所示。表示本题中在遵循约束条件的前提下，改变可变单元格＄B＄6,＄C＄6 的值，使得目标单元格＄B＄7 的值最小。

图 12-5 添加"取值为整数"的约束条件

(5) 单击"求解"按钮，在弹出的"规划求解结果"对话框中单击"确定"按钮，求得满足要求的解，如图 12-7 所示。

4. 盈亏平衡分析

盈亏平衡分析又称保本点分析或本量利分析法，是根据产品的业务量（产量或销量）、成本、利润之间的相互制约关系的综合分析，用来预测利润，控制成本，判断经营状况的一种数学分析方法。

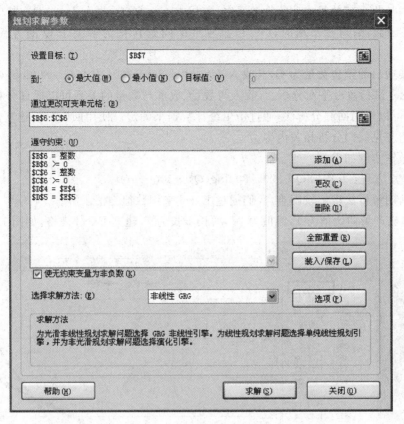

图 12-6　规划求解参数设置

	A	B	C	D	E
1	生产方案决策				
2		板材A	板材B	实际产量	订单量
3	成本	80	90		
4	电脑桌	4	4	100	100
5	书桌	3	4	80	80
6	使用量	20	5		
7	总成本	2050			

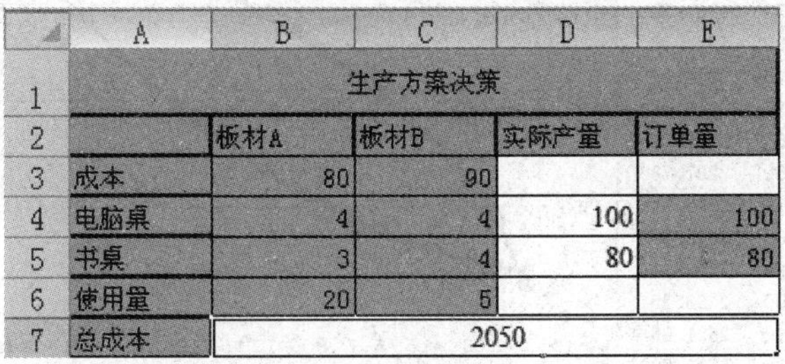

图 12-7　规划求解计算结果

盈亏平衡分析法的核心是盈亏平衡点的计算分析，盈亏平衡点是指企业利润等于零，即销售收入等于总成本时，企业的销售量(或销售额)。以盈亏平衡点为界限，销售收入高于此点企业盈利，反之，企业亏损。

当成本与收入都与数量呈线性关系时，计算公式为：

$$W = PQ - (C_f + C_v Q)$$

其中，W 为利润，P 为产品单价，Q 为销售/生产数量，C_f 为固定成本(即不随数量变化的成本，例如机器成本、厂房成本、研发成本等)，C_v 为可变成本(即随数量变化的成本，例如每件产品的原料、电费等成本)。当 $W=0$ 时，出现盈亏平衡，此时的生产/销售数量 $Q=\dfrac{C_f}{P-C_v}$。

当成本与收入与数量成非线性关系时,若成本 $C=f(Q)$,收入 $I=g(Q)$,其中函数 f 和 g 为非线性函数,则盈亏平衡时,$C=I$,盈亏平衡问题转化为解关于 Q 的方程:$f(Q)=g(Q)$。

假设某项目的销售数量为 Q,其收入 $I=4Q^2+8Q+200$,成本 $C=800\log(Q)+50Q+100$,用 Excel 进行盈亏平衡分析。(收入与数量、成本与数量的关系可以通过分析法建立数学方程,也可以使用回归分析法,通过历史统计数据来确定。使用回归分析建立数量之间关系的方法请参见回归分析相关内容。)

参考操作步骤如下。

(1) 建立方程:$4Q^2+8Q+200=800\log(Q)+50Q+100$。

此方程用解析法求解较困难,我们通过 Excel 来用数值方法求解。

(2) 确定产量初始值为 1,终值为 27,增长步长为 1,建立 Excel 表格,如图 12-8 所示。

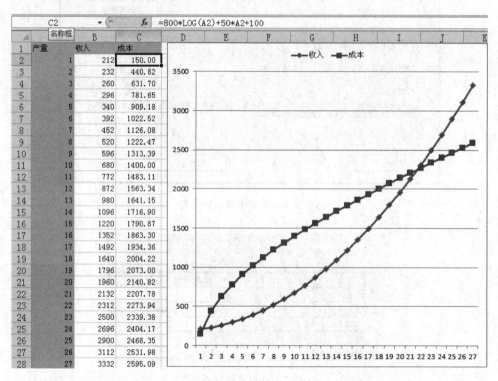

图 12-8 盈亏平衡分析

(3) 在表格中输入数据和收入、产量公式。

在 B2 单元格中输入公式"= 4 * A2^2 + 8 * A2 + 200",填充复制到 B28 单元格,计算收入。

在 C2 单元格中输入公式"= 800 * LOG(A2) + 50 * A2 + 100",填充复制到 C28 单元格,计算成本。(LOG 函数有两个参数,第二个参数省略,表示以 10 为底,也可以直接使用 LOG10 函数。)

(4) 根据计算数据制作折线图,如图 12-8 所示。

(5) 结合图表与计算结果,第一个盈亏平衡点出现在产量 2,3 之间,第二个盈亏平衡点出现在产量 22,23 之间。

通过分析可知,初始阶段收入大于成本。接下来,为了提高产量需要投入扩大再生产的成本,这种投入的成本需要在达到一定的产量之后才能带来盈利。所以出现了第二个盈亏平衡点,出现在产量22,23之间。因此,使用产量23作为盈亏平衡点。

5. 金额数字大小写转换

财务人员经常需要处理将金额进行大小写转化的问题,可以使用 Excel 提供的函数来完成此工作。

对于阿拉伯数字转换成中文大写数字,Excel 提供了一个简单的方法进行处理:在"设置单元格格式"对话框的"数字"选项卡当中的"特殊"分类的"中文大写数字"类型。可以直接将阿拉伯数字转换成中文大写数字。

但是在金额大小写转化时,使用这种方法对于元,角,分的单位无法自动插入。没有完全解决财务人员经常打交道的金额大小写转化问题。可以借助 Excel 提供的 NUMBERSTRING 函数来解决此问题。

NUMBERSTRING 函数:

功能:返回正整数的中文大写形式。

语法:NUMBERSTRING(Value,Type)。

参数:Value 可以是具体数据或者是包含数值的单元格;Type 可取值为1,2,3,分别对应三种不同的中文大写形式:NUMBERSTRING(100305,1),返回"一十万〇三百〇五";NUMBERSTRING(100305,2),返回"壹拾万零叁佰零伍";NUMBERSTRING(100305,3),返回"一〇〇三〇五"。

结合 Excel 当中的其他函数,可以实现对金额的自动转换。

参考操作步骤如下。

(1) 设计 Excel 表格如图 12-9 所示。

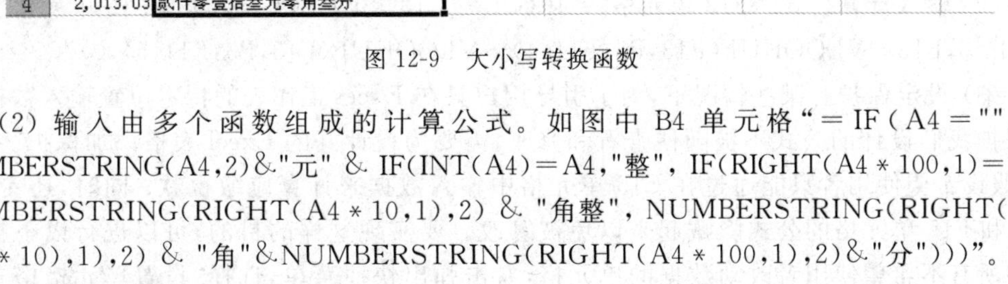

图 12-9 大小写转换函数

(2) 输入由多个函数组成的计算公式。如图中 B4 单元格"= IF(A4 = "","",NUMBERSTRING(A4,2)&"元" & IF(INT(A4)=A4,"整", IF(RIGHT(A4 * 100,1)="0", NUMBERSTRING(RIGHT(A4 * 10,1),2) & "角整", NUMBERSTRING(RIGHT(INT(A4 * 10),1),2) & "角"&NUMBERSTRING(RIGHT(A4 * 100,1),2)&"分")))"。

6. 个税计算器

个税是个人所得税的简称。很多单位为员工履行代扣代缴的义务,因此个税的计算是一项很常见的财务工作。本例介绍根据月工资收入计算个税的方法。

本节中设计的 Excel 个税计算器使用到了 VLOOKUP 函数。

VLOOKUP 函数：

功能：在表格或数值数组的首列查找指定的数值，并由此返回表格或数组当前行中指定列处的数值。

语法：VLOOKUP (Lookup_value, Table_array, Col_index_num, Range_lookup)

参数：Lookup_value 为需要在数组第一列中查找的数值。Lookup_value 可以为数值、引用或文本字符串；Table_array 为需要在其中查找数据的数据表，可以使用对区域或区域名称的引用；Col_index_num 为 Table_array 中待返回的匹配值的列序号。Col_index_num 为 1 时，返回 Table_array 第一列中的数值；Col_index_num 为 2，返回 Table_array 第二列中的数值，以此类推。Range_lookup 为一逻辑值，指明函数 VLOOKUP 返回时是精确匹配还是近似匹配。

参考操作步骤如下。

(1) 设计 Excel 表格如图 12-10 所示。

	A	B	C	D	E	F	G
1							
2		应税收入范围			税率	扣除数	
3		0	→	500	5%	0	
4		500	→	2000	10%	25	
5		2000	→	5000	15%	125	
6		5000	→	20000	20%	375	
7		20000	→	40000	25%	1375	
8		40000	→	60000	30%	3375	
9		60000	→	80000	35%	6375	
10		80000	→	100000	40%	10375	
11		100000	→	∞	45%	15375	
12		依法纳税是每个公民应尽的义务					
13		免税基数：	3500		应税收入：	1500	
14							
15		月总收入	5000	→	应缴税款：	**125**	
16							

图 12-10 个税计算器表格

其中 B2:F11 区域为计算的依据。具体含义请查阅个税计算的相关规定。C13 单元格为税务机关制定的免税基数，目前免税基数为 3500 元。C15 单元格为当月总收入数额。F13 单元格和 F15 单元格为需要计算的数额。

(2) 输入计算公式。F13 单元格"=IF(C15-C13>0,C15-C13,0)"；F15 单元格"=IF(F13>0,F13*VLOOKUP(F13,B3:F11,4)-VLOOKUP(F13,B3:F11,5),0)"。

(3) 设定保护。某些情况下，为了引导用户只在 Excel 工作表的特定位置输入数据，或者保护我们设计的公式不被随便查看和修改，需要为设计好的 Excel 表格添加保护。本例中，假设希望使用者只能通过在 C15 单元格中输入数据来计算应缴税款；同时，还希望将 F13 和 F15 单元格的公式隐藏起来以免被篡改。要实现这样的目的，可以进行以下操作：选中所有不希望使用者改动数据的单元格，右击弹出快捷菜单，选择"设置单元格格式"命令，弹出"自定义序列"对话框，在"保护"选项卡中选中"锁定"和"隐藏"两个复选框。单击"确定"按钮。再次选择 C15 单元格，取消"锁定"复选框，单击"确定"按钮。

然后在功能区选择"审阅"选项卡，在"更改"组中单击"保护工作表"命令，在弹出的对话框中，选中"保护工作表及锁定的单元格内容"，并在"允许此工作表的所有用户进行"下的列表中选中"选定未锁定的单元格"复选框,如图12-11所示。单击"确定"按钮,确认密码后,就完成操作,达到了我们的目的。

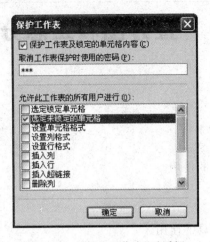

图12-11 "保护工作表"对话框

实验 13　直方图和正态分布函数

实验目的

(1) 掌握频数分布函数的使用。
(2) 掌握直方图的使用。
(3) 掌握图表的制作。
(4) 掌握描述性统计工具的使用。
(5) 掌握绘制正态分布图的方法。

实验任务及要求

(1) 按图 13-1 的饮料品牌资料,完成其频数分布表和直方图。
(2) 按图 13-2 的"大学计算机 I"成绩资料,完成其累积频数分布表和直方图,并创建累积频数分布表的饼形图表。
(3) 按表 13-1 创建数据透视表并进行分析。
(4) 按图 13-6 的计算机销售数据进行描述性统计分析。
(5) 利用随机变量(−3~3)绘制正态分布图。

实验前准备

复习第 11 章。

实验步骤及操作指导

(1) 一家市场调查公司随机调查 50 名顾客购买饮料的品牌,统计资料如图 13-1 所示,制作该资料的频数分布表和直方图。

健力宝	可口可乐	健力宝	芬达	雪碧
雪碧	健力宝	可口可乐	雪碧	可口可乐
健力宝	可口可乐	可口可乐	百事可乐	健力宝
可口可乐	百事可乐	健力宝	可口可乐	百事可乐
百事可乐	雪碧	雪碧	百事可乐	雪碧
可口可乐	健力宝	健力宝	芬达	芬达
芬达	健力宝	可口可乐	可口可乐	可口可乐
可口可乐	百事可乐	雪碧	芬达	百事可乐
雪碧	可口可乐	百事可乐	可口可乐	雪碧
可口可乐	健力宝	百事可乐	芬达	健力宝

图 13-1　顾客购买饮料品牌名称

参考操作步骤如下。

① 创建"实验 13.xlsx"工作簿,将空白工作表重命名为"实验 13.1"。

② 输入图 13-1 中的原始数据。

在 A1~A50 单元格区域中输入 50 个饮料品牌观测值,在 B1~B50 单元格区域中输入相应的代码。

说明:为不同品牌的饮料指定一个数字代码,代码编排如下:1.可口可乐;2.健力宝;3.百事可乐;4.芬达;5.雪碧。

③ 指定上限。

为了建立频数分布表和直方图,必须对每一个品牌代码指定一个上限。本实验中,在 C3 单元格中输入"品牌数字代码分组",在 D3 单元格中输入"频数"。并将代码 1、2、3、4 和 5 依次输入到工作表的 C4:C8 中。Excel 对数值小于或等于每一品牌代码的项数进行计数。

④ 使用频数分布函数 FREQUENCY 建立频数分布表。

选定 D4:D8,在功能区选择"公式"选项卡,在"函数库"组中单击"插入函数"按钮,在弹出的"插入函数"对话框的"统计"类函数中选择频数分布函数 FREQUENCY。在"函数参数"的第一个参数文本框中输入 B1:B50,在第二个参数文本框中输入 C4:C8(可以使用"折叠/展开"按钮 用鼠标选择单元格区域),然后按 Shift+Ctrl+Enter 组合键(或 Ctrl+Shift+"确定"按钮)结束。

⑤ 使用直方图工具生成频数分布表和直方图。

在功能区选择"数据"选项卡,在"分析"组中单击"数据分析"按钮,在弹出的"数据分析"对话框中选择"直方图",在"直方图"对话框的"输入区域"文本框中输入数据所在单元格区域 B1:B50;"接受区域"文本框中输入分组数据上限所在单元格区域 C4:C8;"输出区域"文本框中输入单元格 E3,表示输出区域的开始单元格,最后再选中"图表输出"复选框。

⑥ 单击"确定"按钮。

⑦ 为了便于阅读,单击频数分布表中的有"接受"字样的单元格,输入"饮料品牌";同样,把数值代码 1、2、3、4 和 5 分别用它们对应的品牌名称替换。例如,1 替换为"可口可乐",2 替换为"健力宝"等。若修改图表格式,可直接双击或右击图表对象,在弹出的对话框中做相应的修改。

⑧ 右击数据系列,在弹出的右键菜单中选择"设置数据系列格式"命令,弹出"设置数据系列格式"对话框,在"系列选项"选项卡中,将"分类间隔"中"无间隔"的数值改为 0%,单击"关闭"按钮。

⑨ 实验输出结果如图 13-2 所示。

(2) 某班 50 名学生的"大学计算机Ⅱ"考试成绩数据如图 13-3 所示。用 Excel 直方图工具绘制累积频数分布表和直方图,并创建频数分布表的饼图。

参考操作步骤如下。

① 打开"实验 13.xlsx"工作簿,将空白工作表重命名为"实验 13.2"。

② 将图 13-3 中的数据输入"实验 13.2"工作表 A1~A50 单元格区域中。

③ 将 A1~A50 单元格区域数据复制到 B1~B50,在"数据"选项卡的"排序和筛选"组中,单击"排序"按钮,对 B1~B50 进行排序。

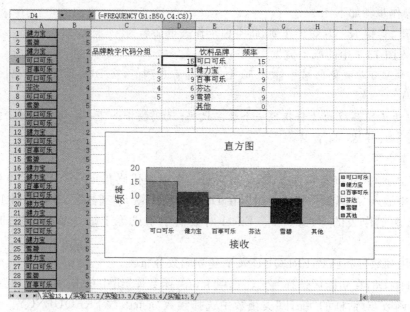

图 13-2　饮料品牌的频数分布表和直方图

79	88	78	50	70	90	54	72	58	71
72	80	91	95	91	81	72	61	73	82
97	83	74	61	62	63	74	74	99	84
84	64	75	65	75	66	75	85	67	68
69	75	86	59	76	88	69	77	87	51

图 13-3　某班 50 名学生的"大学计算机 Ⅱ"考试成绩数据

④ 指定上限。

在 C3：C7 单元格中输入分组数据的上限 59，69，79，89，100。

提示：Excel 在作频数分布表时，每一组的频数包括一个组的上限值。这与统计学上的"上限不在组"做法不一致。

⑤ 生成频数分布表和直方图。

在功能区选择"数据"选项卡，在"分析"组中单击"数据分析"按钮，在"数据分析"对话框中选择"直方图"，在"直方图"对话框的"输入区域"文本框中输入数据所在单元格区域 B1：B50；在"接受区域"文本框中输入分组数据上限所在单元格区域 C3：C7；在输出选项中，选中"输出区域"，在"输出区域"文本框中输入 D3，表示输出区域的起点，然后选择"累计百分比"和"图表输出"后，单击"确定"按钮。

⑥ 为了便于阅读，单击频数分布表中的有"接受"字样的单元格，输入"考试成绩"；同样，用"60 分以下"代替频数分布表中的第一个上限值 59，"60-69"代替第二个上限值 69，以此类推，最后，用"90 分以上"代替频数分布表中最后一个上限值 100。

⑦ 右击图表中要进行格式化的对象，对其进行修饰。

⑧ 清除频数分布表中的"其他"所在行的三个单元格的内容。

⑨ 右击图表中的数据系列，在弹出的快捷菜单中选择"设置数据系列格式"命令，弹出

"设置数据系列格式"对话框,选择"系列选项"选项卡,将"分类间隔"中"无间隔"的数值改为0%,在"填充"选项卡中选中"依数据点分色"复选框。

⑩ 选择D3:E8单元格区域,在功能区选择"插入"选项卡,在"图表"组中单击"饼图"按钮,在弹出的下拉菜单中选择"三维饼图",Excel自动产生三维饼图,将图表标题"频率"改为"考试成绩比重图"。右击三维饼图图表,在弹出的快捷菜单中选择"添加数据标签"命令,然后在三维饼图图表中右击数据标签,在弹出的快捷菜单中选择"设置数据标签格式"命令,弹出"设置数据标签格式"对话框,"标签选项"中选中"百分比"和"显示引导线"两个复选框(不要选"值"复选框),单击"关闭"按钮。

⑪ 用鼠标拖动"数据标志"中的"34%",显示引导线。实验输出结果如图13-4所示。

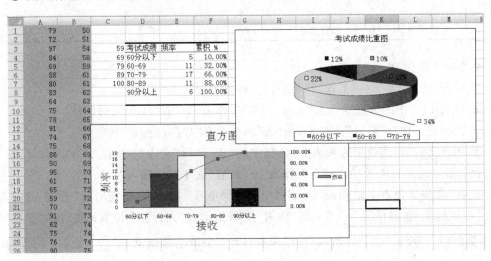

图13-4 实验13.2输出结果

(3) 表13-1是某保险公司某月车险客户部分资料,创建数据透视表对本月发生的各种险进行结构分析。

表13-1 某保险公司某月部分客户资料

保单号	客户姓名	性别	车损险	三者强制险	座位险	盗抢险	不计免赔险	保费合计
JL0001	徐德全	男	1165.00	1280.00	280.00	1189.00	398.00	4312.00
JL0002	胡廷军	男	980.00	700.00	0.00	0.00	356.00	2036.00
JL0003	曾骥	女	680.00	700.00	280.00	920.00	387.00	2967.00
JL0004	肖娟	女	1265.00	1380.00	285.00	1198.00	410.00	4538.00
JL0005	李陶	男	1205.00	1380.00	288.00	1088.00	408.00	4369.00
JL0006	李军	男	980.00	760.00	292.00	0.00	399.00	2431.00
JL0007	李莉娜	女	860.00	1580.00	282.00	920.00	387.00	4029.00
JL0008	魏渝	男	870.00	1280.00	260.00	0.00	0.00	2410.00
JL0009	罗国友	男	1168.00	1580.00	298.00	892.00	365.00	4303.00
JL0010	周莎	女	1206.00	890.00	300.00	850.00	395.00	3641.00
JL0011	赵雪昭	女	1189.00	1258.00	300.00	1180.00	358.00	4285.00
JL0012	杨昌冶	男	1589.00	1520.00	300.00	1065.00	450.00	4924.00
JL0013	王庆平	男	890.00	820.00	280.00	0.00	268.00	2258.00

续表

保单号	客户姓名	性别	车损险	三者强制险	座位险	盗抢险	不计免赔险	保费合计
JL0014	余晓玲	女	908.00	1200.00	0.00	0.00	298.00	2406.00
JL0015	刘学芬	女	1360.00	1500.00	320.00	1200.00	350.00	4730.00
JL0016	李恒坤	男	0.00	1580.00	0.00	0.00	120.00	1700.00
JL0017	李韵	女	1600.00	1250.00	345.00	1400.00	489.00	5084.00
JL0018	许胜凤	女	0.00	1580.00	0.00	0.00	120.00	1700.00
JL0019	徐开勇	男	890.00	800.00	0.00	0.00	345.00	2035.00
JL0020	徐旭	男	1080.00	1500.00	297.00	0.00	352.00	3229.00
JL0021	赵辉	男	732.00	1050.00	252.00	0.00	308.00	2342.00
JL0022	黄珍贵	女	1089.00	1472.00	365.00	1289.00	366.00	4581.00
JL0023	罗玲莉	女	1265.00	1410.00	355.00	1050.00	377.00	4457.00

参考操作步骤如下。

① 打开"实验 13.xlsx"工作簿，将空白工作表重命名为"实验 13.3"。

② 将表 13-1 中的数据输入到"实验 13.3"工作表 A1～H24 单元格区域。

③ 在功能区选择"插入"选项卡，在"表"组中单击"数据透视表"按钮。

④ 在弹出的"创建数据透视表"对话框中的"表/区域"文本框中输入"A1:H24"，在"选择放置数据透视表的位置"的"现有工作表"→"位置"文本框中输入"J1"。

⑤ 在"数据透视表字段列表"对话框中，将"保单号"拖动到"报表筛选"位置；将"客户姓名"字段拖动到"行标签"位置；将"性别"字段拖动到"列标签"位置；然后将"车损险"、"三者强制险"、"座位险"、"盗抢险"和"保费合计"字段全部拖动到"∑ 数据"位置。再将"列标签"里的"∑ 数据"拖动到"行标签"位置。

⑥ 创建完成车险数据透视表。

实验最终结果如图 13-5 所示。可以通过页字段、行字段和列字段的选择按钮显示所需要的数据进行结构分析。

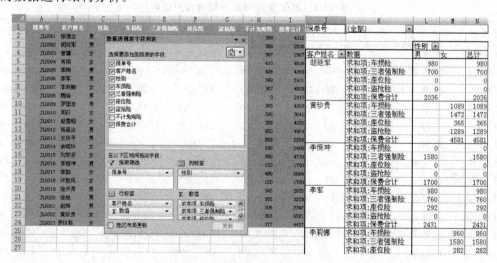

图 13-5　汽车保险数据透视分析

(4) 利用统计描述工具完成如图 13-6 所示数据的描述统计。

257	271	272	276	292	284	297	261	268	252
281	304	237	300	272	311	275	262	240	265
311	235	280	250	261	291	270	278	260	297

图 13-6 某公司计算机销售情况

参考操作步骤如下。

① 打开"实验 13.xlsx"工作簿,插入"实验 13.4"工作表。

② 在 A1:A30 单元格区域中输入图 13-6 中的数据。

③ 在功能区选择"数据"选项卡,在"分析"组中单击"数据分析"按钮,在弹出的"数据分析"对话框中选择"描述统计"选项,单击"确定"按钮。

④ 在弹出的"描述统计"对话框中,在"输入区域"文本框中输入"A1:A30";在"输出区域"文本框中输入起始单元格的地址"B1";选中"汇总统计"、"平均数置信度";在"第 K 个最大值"和"第 K 个最小值"中,使用系统默认值"1"(表示选择输出第一个最大值和第一个最小值)。

⑤ 单击"确定"按钮。

实验结果如图 13-7 所示。

		列1	
1	257		
2	281		
3	311	平均	273.6666667
4	271	标准误差	3.776921246
5	304	中位数	272
6	235	众数	311
7	272	标准差	20.68704964
8	237	方差	427.954023
9	280	峰度	−0.540366555
10	276	偏度	0.026816078
11	300	区域	76
12	250	最小值	235
13	292	最大值	311
14	272	求和	8210
15	261	观测数	30
16	284	最大(1)	311
17	311	最小(1)	235
18	291	置信度(95.0%)	7.724671171
19	297		

图 13-7 某计算机公司销售计算机的描述性统计结果(单位:台)

(5) 制作标准正态分布图和正态分布图。

参考步骤如下。

① 打开"实验 13.xlsx"工作簿,插入"实验 13.5"工作表。

② 在单元格 A1 中输入"−3",选定单元格 A1,在功能区选择"开始"选项卡,在"编辑"组中单击"填充"按钮,在弹出的下拉菜单中选择"系列"命令,弹出"序列"对话框。

③ 在弹出的"序列"对话框中,在"序列产生在"框,选中"列"单选按钮;在"类型"框,选中"等差序列"单选按钮;在"步长值"框,输入"0.05";在"终止值"框,输入"3",单击"确定"按钮。

④ 在单元格 D1 中输入"均值",在单元格 D2 中输入"0";在单元格 E1 中输入"标准

差",在单元格 E2 中输入"1"。

⑤ 在单元格 B1 中输入"=NORMDIST(A1,0,1,0)",按 Enter 键得 0.001285,即为 X=-3 时的标准正态分布的概率密度函数值。

⑥ 把鼠标放在单元格 B1 的填充柄上,当鼠标变成"十"字时,向下拖曳鼠标复制公式至 B121。

⑦ 在单元格 C1 中输入"=NORMDIST(A1,\$D\$2,\$E\$2,0)"按 Enter 键得 0.004432,即为 X=-3 时的标准正态分布的概率密度函数值。

⑧ 把鼠标放在单元格 C1 的填充柄上,当鼠标变成"十"字时,向下拖曳鼠标复制公式至 C121。

⑨ 选定数据区域 A1:C121。

⑩ 在功能区选择"插入"选项卡,在"图表"组中单击"散点图"按钮,在下拉菜单中选择"带平滑线的散点图",Excel 自动产生平滑线散点图,对图表中的字体和刻度等图表对象进行适当的修饰。

⑪ 若将 D1 单元格改为 1,将 E1 单元格改为 1.2,则得到一个标准正态分布图和均值为 1,标准差为 1.2 的正态分布图。

结果如图 13-8 所示。

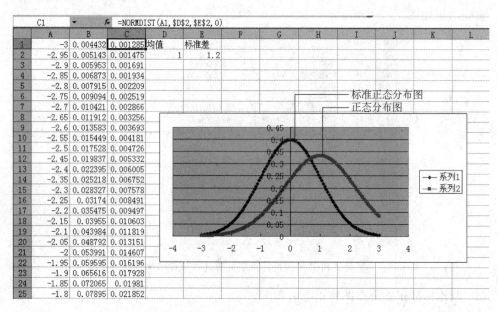

图 13-8 标准正态分布图和正态分布图

实验 14　相关分析与回归分析

实验目的

(1) 熟悉 Excel 方差与相关系数的计算函数。
(2) 掌握运用 Excel 进行相关分析的基本方法。
(3) 掌握运用 Excel 进行回归分析的基本方法。

实验前准备

(1) 了解数理统计当中关于方差与相关系数的概念。
(2) 了解最小二乘定理相关知识。
(3) 了解对数函数、指数函数、多项式函数、幂函数的典型函数图形。

实验任务及要求

(1) 通过实例练习掌握掌握以下 Excel 函数。
① COVAR(array1,array2)函数。
功能：返回协方差，即每对数据点的偏差乘积的平均数，利用协方差可以确定两个数据集之间的关系。
② CORREL(array1,array2)函数。
功能：返回单元格区域 array1 和 array2 之间的相关系数。使用相关系数可以确定两种属性之间的关系。
(2) 通过实例练习掌握 Excel 函数计算协方差与相关系数。
(3) 通过实例练习掌握 Excel 进行多项式回归分析。
(4) 通过实例练习掌握 Excel 进行双曲线函数回归分析。

实验步骤及操作指导

1. 使用 Excel 函数计算协方差与相关系数

某一时间段内沪深股市收市指数数据如图 14-1 所示，请用协方差和相关系数分析两者的相关性。
(1) 设计 Excel 表格，输入原始数据。
(2) 在 B14 单元格中输入公式"=COVAR(B3:B12,C3:C12)"，计算协方差。
(3) 在 B15 单元格中输入公式"=CORREL(B3:B12,C3:C12)"，用公式计算相关系数。
(4) 也可以使用相关分析工具计算深沪两市的收市指数的相关系数，在功能区选择"数据"选项卡，在"分析"组中单击"数据分析"按钮，弹出"数据分析"对话框，选择"相关系数"选项,单击"确定"按钮,弹出"相关系数"对话框,在"输入区域"文本框中输入"＄B＄2：＄C＄12",并选中"逐列"单选按钮、"标志位于第一行"复选框,选中"输出区域"并输入"＄E＄2",然后单击"确定"按钮,在E2:G4单元格区域得到相关系数计算结果。

(5)计算得出的相关系数为0.9927117,表明深沪两市的收市指数存在高度的线性相关关系。

2. 使用Excel进行多元回归分析

某公司的销售人员数量、促销费用和利润的历史数据如图14-2所示,满足二元线性关系：$y=\beta_0+\beta_1 x_1+\beta_2 x_2$。若该企业下一年度计划聘用销售人员61名,投放促销费用40万元,试预测该企业的利润。

	A	B	C
1		沪深收市数据	
2	日期	上证指数	深证成指
3	20080303	4438.27	16187.51
4	20080304	4335.45	15926
5	20080305	4292.25	15601.21
6	20080306	4360.99	15696.13
7	20080307	4300.52	15560.85
8	20080310	4146.3	14863.05
9	20080311	4165.88	14815.72
10	20080312	4070.12	14348.46
11	20080313	3971.26	13943.16
12	20080314	3962.67	13817.65
13			
14	协方差	124957.47	
15	相关系数	0.9927117	

图14-1 协方差、相关系数计算

	A	B	C
1		销售数据统计	
2	利润(万元)Y	销售员数量(人)X1	促销费用(万元)X2
3	406	19	8.5
4	484	24	9.7
5	504	26	10.4
6	520	28	11.3
7	560	31	12.2
8	591	33	12.8
9	632	38	13.7
10	685	47	14.4
11	750	49	16.2
12	794	50	18.5
13	866	51	20.3
14	989	53	25

图14-2 多项式回归分析数据

(1)设计Excel表格,输入原始数据。

(2)在功能区选择"数据"选项卡,在"分析"组中单击"数据分析"按钮,弹出"数据分析"对话框,在"分析工具"中选择"回归",出现"回归"参数设置对话框,如图14-3所示。单击"确定"按钮。在"回归"对话框中输入图中参数。

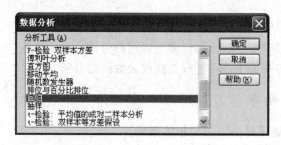

图14-3 安装回归分析工具

(3)在"回归"参数对话框中输入回归参数。本实验中,Y值输入区域为利润数据所在的A3:A14区域,X值输入区域为双变量销售人员数量X1和促销费用X2所在的B3:C14区域,"输出选项"选择"新工作表组"如图14-4所示。

(4)单击"确定"按钮,在新工作表中得到回归分析结果,如图14-5所示。

(5)回归方程为$y=116.8099+4.1817671x_1+26.021201x_2$。方程中的$\beta_0,\beta_1,\beta_2$分别

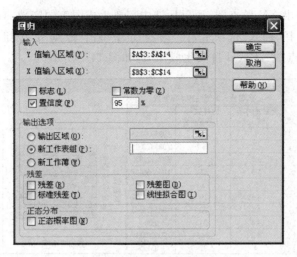

图 14-4　回归分析参数设置

	A	B	C	D	E	F	G	H	I
1	SUMMARY OUTPUT								
2									
3	回归统计								
4	Multiple R	0.9988215							
5	R Square	0.9976443							
6	Adjusted R S	0.9971209							
7	标准误差	9.3039281							
8	观测值	12							
9									
10	方差分析								
11		df	SS	MS	F	gnificance F			
12	回归分析	2	329941.85	164970.92	1905.7886	1.495E-12			
13	残差	9	779.0677	86.563078					
14	总计	11	330720.92						
15									
16		Coefficient	标准误差	t Stat	P-value	Lower 95%	Upper 95%	下限 95.0%	上限 95.0%
17	Intercept	116.8099	9.15171	12.763724	4.545E-07	96.107295	137.51251	96.107295	137.51251
18	X Variable 1	4.1817671	0.5540806	7.5472176	3.515E-05	2.9283497	5.4351846	2.9283497	5.4351846
19	X Variable 2	26.021201	1.3855511	18.780398	1.58E-08	22.886867	29.155535	22.886867	29.155535

图 14-5　多项式回归分析结果

来自图 14-5 中 B17，B18，B19 单元格。该企业下一年度计划聘用销售人员 61 名、投放促销费用 40 万元。则将 61，40 分别代入上式中的 x_1 与 x_2，得到预测利润值为：1412.73 万元。

3. 使用 Excel 进行双曲线函数回归分析

统计数据表明，物流公司的燃油成本占运费收入的比重会随着运费收入的上升而下降。某物流公司的运费收入与燃油成本率数据如图 14-6 所示。若该公司预测下一阶段的运费收入为 36.33 万元，试计算该收入条件下该公司的燃油成本。

（1）设计 Excel 表格，输入原始数据。

	A	B
1	运费收入与燃油成本率数据	
2	燃油成本率 % Y	运费收入 （万元）X
3	7	10.2
4	6.2	11.7
5	5.8	13
6	5.3	15
7	5	16.5
8	4.6	19
9	4.5	22
10	4.4	25
11	4.2	28.5
12	4	32

图 14-6　双曲线回归分析数据

(2) 根据数据作出 XY 散点图，用鼠标选中需要生成图表的区域 A3:B12。

(3) 在功能区选择"插入"选项卡，在"图表"组中单击"散点图"按钮，在下拉菜单中选中"仅带数据标记的散点图"，Excel 自动生成图表，如图 14-7 所示。

	A	B	C
1	运费收入与燃油成本率数据		
2	燃油成本率 % Y	运费收入（万元）X	1/x
3	7	10.2	0.098039216
4	6.2	11.7	0.085470085
5	5.8	13	0.076923077
6	5.3	15	0.066666667
7	5	16.5	0.060606061
8	4.6	19	0.052631579
9	4.5	22	0.045454545
10	4.4	25	0.04
11	4.2	28.5	0.035087719
12	4	32	0.03125

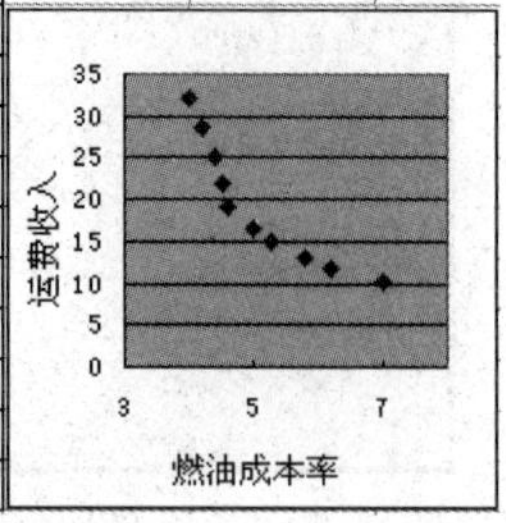

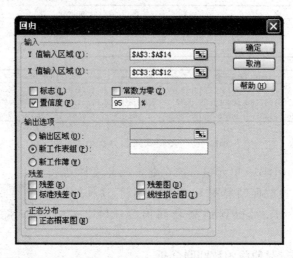

图 14-7　双曲线回归数据图表

(4) 根据图表判断，X 和 Y 呈现出双曲线形状。建立如下所示的双曲线模型。

$y=\beta_0+\beta_1\dfrac{1}{x}$先进行倒数变换，令 $x'=\dfrac{1}{x}$，则 $y=\beta_0+\beta_1 x'$

在 C3 单元格中输入公式"=1/B3"，然后拖曳填充柄将该公式填充到 C12 单元格即可。

(5) 利用回归工具建立回归模型，在功能区选择"数据"选项卡，在"分析"组中单击"数据分析"按钮，弹出"数据分析"对话框，在"分析工具"中选择"回归"，出现"回归"参数设置对话框。设置"回归"参数对话框如图 14-8 所示。

图 14-8　双曲线回归参数设置

(6) 单击"确定"按钮，得到回归分析结果，如图 14-9 所示。

(7) 回归方程为 $y=2.568+42.76096\dfrac{1}{x}$。$\beta_0$，$\beta_1$ 分别来自图 14-9 中 B17 和 B18 单元格。该物流公司下一阶段收入为 36.33 万元时，得到预测燃油成本率为 2.568+42.7609 * (1/36.33)=3.75。

	A	B	C	D	E	F	G	H	I
1	SUMMARY OUTPUT								
2									
3	回归统计								
4	Multiple R	0.988733							
5	R Square	0.977592							
6	Adjusted R	0.974791							
7	标准误差	0.154117							
8	观测值	10							
9									
10	方差分析								
11		df	SS	MS	F	gnificance F			
12	回归分析	1	8.289982	8.289982	349.0197	6.96E-08			
13	残差	8	0.190018	0.023752					
14	总计	9	8.48						
15									
16		Coefficient	标准误差	t Stat	P-value	Lower 95%	Upper 95%	下限 95.0%	上限 95.0%
17	Intercept	2.568	0.144027	17.82994	1E-07	2.235872	2.900128	2.235872	2.9001275
18	X Variable	42.76096	2.288877	18.68207	6.96E-08	37.4828	48.03912	37.4828	48.039119

图 14-9 双曲线回归分析结果

4. 使用不同曲线函数做回归分析的比较

某城市供水量与 GDP 回归分析,利用"添加趋势线"和根据复相关系数(即 R 平方值)的大小进行预测比较,看用哪种回归方程做预测较好。供水量与 GDP 数据如图 14-10 所示。

(1) 根据原始数据作出 XY 散点图,用鼠标选中需要生成图表的区域 B4:C21。

(2) 在功能区选择"插入"选项卡,在"图表"组中单击"散点图"按钮,在下拉菜单中选中"仅带数据标记的散点图",Excel 自动生成图表,在图表中右击任一数据点,在弹出的快捷菜单中选择"添加趋势线"命令,弹出"设置趋势线格式"对话框,在"趋势线选项"栏中依次分别选择"线性"趋势线、"对数"趋势线、"指数"趋势线和"幂"趋势线,选中"并显示公式"和"显示 R 平方值"等复选框,单击"关闭"按钮。Excel 分别自动生成反映数据变化趋势的多条回归分析曲线,如图 14-11 所示。

	A	B	C
1	1990-2007年样本数据表		
2	年份	GDP(百亿元/年)	供水总量(亿m3/年)
3			
4	1990	0.5348	0.5942
5	1991	0.6295	0.6142
6	1992	0.8038	0.6641
7	1993	1.1607	0.8111
8	1994	1.5043	0.9625
9	1995	1.8382	1.0592
10	1996	2.0221	1.1335
11	1997	2.3901	1.2727
12	1998	2.7271	1.4134
13	1999	3.0898	1.5206
14	2000	3.5254	1.8086
15	2001	3.9732	1.9323
16	2002	4.5771	2.0906
17	2003	5.2499	2.0998
18	2004	5.9639	2.1094
19	2005	6.7273	2.2848
20	2006	7.6758	2.4602
21	2007	8.8196	2.5138

图 14-10 供水量与 GDP 数据

(3) 从图 14-11 得到不同回归模式的系数计算与复相关系数,如表 14-1 所示。

表 14-1 回归模式与复相关系数

供水总量与 GDP 的回归分析比较			
回归模式	回归系数		复相关系数 R^2
	A	B	
线性回归	0.252	0.633	0.926
对数回归	0.753	0.795	0.954
指数回归	0.731	0.178	0.832
乘幂回归	0.790	0.570	0.984

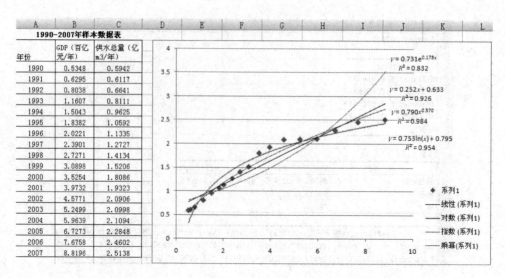

图 14-11 使用不同曲线函数做回归分析的比较

回归方程：线性回归 $y = 0.252x + 0.633$

对数回归 $y = 0.753\ln(x) + 0.795$

指数回归 $y = 0.731e^{0.178x}$

乘幂回归 $y = 0.790x^{0.570}$

(4) 计算结果显示：乘幂回归的相关性最好，R 平方值最接近于 1。结论：通过年供水量与 GDP 的回归分析，建立的乘幂曲线回归方程，可以对规划年度需水量进行预测。

实验 15　时间序列分析

实验目的

（1）了解时间序列的概念和特点。

（2）掌握移动平均法、指数平滑法、趋势预测（回归分析）法进行时间序列分析的概念和方法。

（3）掌握使用哑元消去法进行周期波动时间序列预测的概念和方法。

实验前准备

（1）了解时间序列分析的应用领域。

（2）了解回归分析与时间序列分析的联系和区别。

（3）了解对数函数、指数函数、多项式函数、幂函数的典型函数图形。

实验任务及要求

（1）通过实例练习掌握 Excel 移动平均分析。

（2）通过实例练习掌握 Excel 趋势预测（回归分析）时间序列分析。

（3）通过实例练习掌握 Excel 周期变动时间序列分析。

实验步骤及操作指导

1. 使用 Excel 进行移动平均分析

已知某商场 1993—2013 年的年销售额如表 15-1 所示，试使用移动平均工具预测 2014 年该商场的年销售额。

表 15-1　移动平均分析数据

销售额数据			
年　份	销售额/百万元	年　份	销售额/百万元
1993	32	2004	76
1994	41	2005	73
1995	48	2006	79
1996	53	2007	84
1997	51	2008	86
1998	58	2009	87
1999	57	2010	92
2000	64	2011	95
2001	69	2012	101
2002	67	2013	107
2003	69		

(1) 设计 Excel 表格,输入原始数据。

(2) 在功能区选择"数据"选项卡,在"分析"组中单击"数据分析"按钮,弹出"数据分析"对话框,在"分析工具"中选择"移动平均",如图 15-1 所示。

图 15-1 安装移动平均分析工具

(3) 在"移动平均"对话框中输入参数。在"输入区域"框中指定统计数据所在区域 B3:B23;在"间隔"框内输入移动平均的项数"5"(根据数据的变化规律,本例选取移动平均项数 $N=5$)。

在"输出选项"框内指定输出选项。可以选择输出到当前工作表的某个单元格区域、新工作表或是新工作簿。本例选定输出区域,并输入输出区域左上角单元格地址 C3;选中"图表输出"复选框,如图 15-2 所示。

图 15-2 移动平均分析参数设置

(4) 单击"确定"按钮。Excel 给出移动平均的计算结果及实际值与移动平均值的曲线,如图 15-3 所示。

(5) 在 C23 单元格拖动自动填充手柄至 C24 单元格,得到移动平均法预测的 2014 年销售额 98.75 万元。

需要说明的是,本例中使用的是 Excel 数据分析工具,其实也可以和教材第 13 章一样,直接使用 Excel 函数来完成移动平均的工作。

2. 移动平均在股票分析中的应用

给出某股票 2014 年 1—8 月的成交量、开盘价、最高价、最低价和收盘价,如图 15-4 所示。试用移动平均技术分析该公司的下半年走势。

(1) 根据原始数据建立股价图,选择 A1:F162 单元格区域。

(2) 在功能区选择"插入"选项卡,在"图表"组中单击"其他图表"按钮,选择"股价图"列表中的"成交量-开盘-盘高-盘低-收盘图"选项,图形自动产生,经过适当修饰成交量和调整

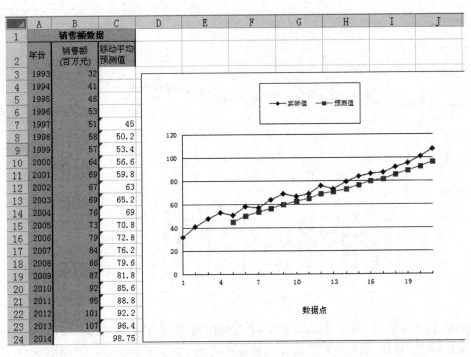

图15-3 移动平均分析结果

	A	B	C	D	E	F	G	H
1	日期	成交量	开盘价	最高价	最低价	收盘价	5日线	60日线
2	2014-1-2	3912921	4.42	4.54	4.4	4.51	#N/A	#N/A
3	2014-1-3	7610621	4.5	4.66	4.46	4.6	#N/A	#N/A
4	2014-1-6	8966196	4.6	4.69	4.53	4.57	#N/A	#N/A
5	2014-1-7	6176699	4.58	4.67	4.52	4.63	#N/A	#N/A
6	2014-1-8	3863938	4.64	4.64	4.55	4.59	4.58	#N/A
7	2014-1-9	5751362	4.59	4.59	4.38	4.41	4.56	#N/A
8	2014-1-10	2620951	4.39	4.43	4.33	4.39	4.518	#N/A
9	2014-1-13	2149197	4.39	4.44	4.33	4.38	4.48	#N/A
10	2014-1-14	2145827	4.38	4.44	4.35	4.44	4.442	#N/A
11	2014-1-15	2044649	4.43	4.43	4.36	4.39	4.402	#N/A
12	2014-1-16	3582291	4.4	4.47	4.37	4.47	4.414	#N/A
13	2014-1-17	3384267	4.47	4.47	4.34	4.35	4.406	#N/A
14	2014-1-20	3763146	4.35	4.45	4.3	4.39	4.408	#N/A
15	2014-1-21	3148884	4.4	4.45	4.35	4.42	4.404	#N/A
16	2014-1-22	5168128	4.42	4.55	4.39	4.52	4.43	#N/A
17	2014-1-23	3733606	4.49	4.55	4.47	4.51	4.438	#N/A
18	2014-1-24	4919747	4.5	4.68	4.45	4.53	4.474	#N/A
154	2014-8-19	14040841	5.91	6.04	5.86	5.94	5.862	5.2071667
155	2014-8-20	8912422	5.94	6.01	5.88	5.91	5.876	5.2243333
156	2014-8-21	14412053	5.9	6.07	5.87	6.07	5.932	5.2443333
157	2014-8-22	16402514	6.11	6.25	5.99	6.01	5.968	5.2653333
158	2014-8-25	11884408	5.98	6.04	5.83	5.83	5.952	5.2836667
159	2014-8-26	9906178	5.83	5.88	5.68	5.7	5.904	5.2996667
160	2014-8-27	5777419	5.7	5.8	5.65	5.79	5.88	5.315
161	2014-8-28	7181558	5.79	5.89	5.75	5.84	5.834	5.331
162	2014-8-29	5004242	5.84	5.89	5.77	5.87	5.806	5.3466667

图15-4 股价数据

图形大小,得到股价K线图,如图15-5所示。

(3)添加收盘价5天、60天移动平均线和成交量5天、60天移动平均线。选中图表中的股价部分,在功能区选择"图表工具"下的"布局"选项卡,在"分析"组中单击"趋势线"按钮,在下拉列表中选择"其他趋势线选项"命令,弹出"设置趋势线格式"对话框框,选中对话

Excel数据分析与处理

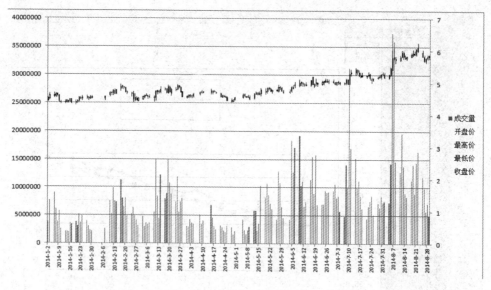

图 15-5 股价 K 线图

框左侧的"趋势线选项"列表项,在对框框右侧选中"移动平均"单选按钮,"周期"文本框输入"5",单击"关闭"按钮,就得到收盘价 5 天移动平均线。用同样的方法,设"周期=60"得到收盘价 60 天移动平均线、成交量 5 天移动平均线和成交量 60 天移动平均线,如图 15-6 所示。

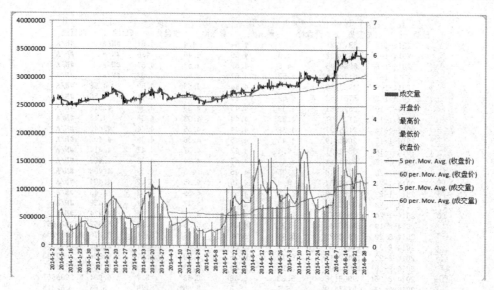

图 15-6 股价 K 线图与移动平均线

(4) 总结分析,从这些技术指标来看,该公司的股价收盘价在 8 月 4 日为 5.27 元,冲破 5 天移动平均价 5.25 元,而早在 5 月 16 日 5 天移动平均价 4.7 元已冲破 60 天移动平均价 4.65 元,而这两天成交量都较上一交易日放大许多。这样,可以断定该公司的股价处于比较强势,可以择机买入。若股价收盘价跌破 5 天移动平均线,5 天移动平均线又跌破 60 天移动平均线,并且成交量一再萎缩,就要择机平仓。

3. 使用 Excel 进行趋势预测(回归分析)时间序列分析

医院的数据表明,某种疾病手术后的复发率与时间呈现某种数据关系,如表 15-2 所示。请确定其时间序列关系。

表 15-2 趋势预测分析数据

术后时间与复发率数据							
术后时间/年	2	4	6	8	10	12	14	16
复发率/%	7.6	12.3	15.7	18.2	18.7	21.4	22.6	23.8

(1) 设计 Excel 表格,输入原始数据。

(2) 根据数据生成数据图表,并添加趋势线。根据观察,发现数据点分布与"对数"趋势线较接近。首先选中需要生成图表的数据区域,在功能区选择"插入"选项卡,在"图表"组中单击"散点图"按钮,在下拉菜单中选择"仅带数据标记的散点图"。在生成的图表数据点上右击任一数据点,在弹出的快捷菜单中选择"添加趋势线"命令,在"设置趋势线格式"对话框的"趋势线选项"中选择"对数"趋势线,同时选中"显示公式"复选框和"显示 R 平方值"复选框。Excel 自动生成反映数据变化趋势的对数曲线,同时显示回归方程,如图 15-7 所示。

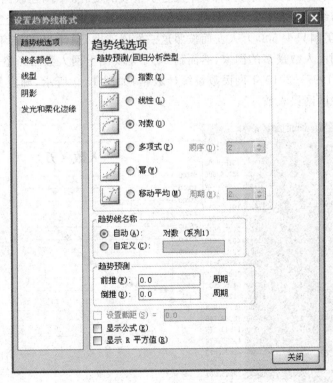

图 15-7 添加趋势线

(3) 单击"确定"按钮后,得到趋势线以及方程,如图 15-8 所示。

(4) 得到术后时间复发率 y 与术后时间的时间序列回归方程为: $y = 7.7771\text{Ln}(x) + 1.8378$,如图 15-8 所示。

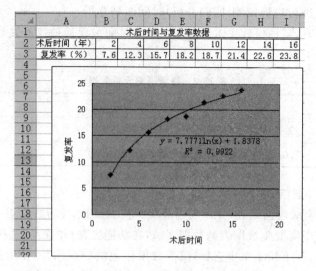

图 15-8 趋势预测结果

4. 历年中国网民数量统计(1997—2010 年)时间序列分析

我国网民总人数从 1997 年到 2010 年发生了很大的变化,中国互联网信息中心在 2008 年 1 月 17 日发布统计报告显示,截止到 2007 年年底,我国上网人数已经突破两亿,比全球网民人数第一的美国只少 500 万人。而按照这一发展速度,预计 2008 年年底我国就将超过美国,成为全球网民人数最多的国家,然而到 2010 年我国上网人数已经超过 4 亿。

下面是我国 1997—2010 年网民数量统计数据,如图 15-9 所示,确定其时间序列关系,并预测 2011 年中国网民人数。

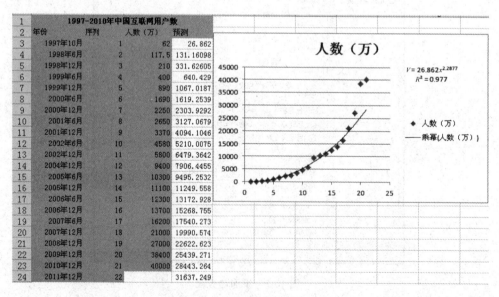

图 15-9 网民数量统计数据

(1) 根据原始数据作出 XY 散点图,用鼠标选中需要生成图表的区域 B3:C23。在功能区选择"插入"选项卡,在"图表"组中单击"散点图"按钮,在下拉菜单中选择"仅带数据标记的散点图"。

（2）在生成的图表数据点上右击任一数据点,在弹出快捷菜单中选择"添加趋势线"命令,在"设置趋势线格式"对话框的"趋势线选项"中选择"幂"趋势线,同时选中"显示公式"和"显示 R 平方值"复选框。Excel 2010 自动生成反映数据变化趋势的乘幂曲线,同时显示回归方程,如图 15-9 所示。

（3）预测,在 D3 单元格中输入公式"26.86 * (B3)^2.287",然后向下填充复制到单元格 D24,如图 15-9 所示。从预测的情况可以看出,乘幂回归只是对 2007 年之前的数据比较吻合。对 2008 年后就出现了较大的偏差,这是由于我国网民数量从启动期进入初期成长期到高速发展期的原因,所以单一的乘幂回归就很难给出正确的预测,这就需要运用其他知识来做准确的预测。

5. 使用 Excel 进行周期变动时间序列分析

某旅游风景区 2011—2013 年按季节统计的游客人数数据如表 15-3 所示。数据存在明显的周期变动,请分析预测 2014 年各个季度的旅游人数。

表 15-3　周期变动时间序列分析数据

季　度	景区游客数据/人次		
	2011	2012	2013
1	39 000	66 700	75 000
2	267 600	307 600	316 800
3	439 800	498 400	684 900
4	40 300	49 000	86 100

（1）设计 Excel 表格,输入原始数据。

（2）根据 B 列数据生成数据带直线的散点图,如图 15-10 所示。发现数据具有明显的季节波动性。因此使用哑元法进行波动处理。

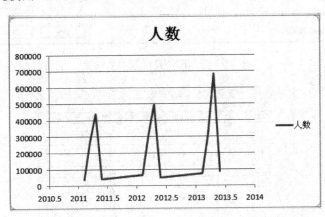

图 15-10　周期变动数据图表

（3）加入哑元变量,为数据表增加 4 列哑元,分别对应第 1 季度,第 2 季度,第 3 季度和第 4 季度。如果当前所在的行为第 n 季度的数据,则将该行的第 n 季度的哑元值设为 1,其他三个哑元值设为 0,如图 15-11 所示。

第2部分 实验与上机指导

	A	B	C	D	E	F	G	H
1	景区游客数据			哑元				预测值
2	季度	人数	序号	第1季	第2季	第3季	第4季	预测值
3	2011.1	39000	1	1	0	0	0	
4	2011.2	267600	2	0	1	0	0	
5	2011.3	439800	3	0	0	1	0	
6	2011.4	40300	4	0	0	0	1	
7	2012.1	66700	5	1	0	0	0	
8	2012.2	307600	6	0	1	0	0	
9	2012.3	498400	7	0	0	1	0	
10	2012.4	49000	8	0	0	0	1	
11	2013.1	75000	9	1	0	0	0	
12	2013.2	316800	10	0	1	0	0	
13	2013.3	684900	11	0	0	1	0	
14	2013.4	86100	12	0	0	0	1	
15	2014.1		13	1	0	0	0	
16	2014.2		14	0	1	0	0	
17	2014.3		15	0	0	1	0	
18	2014.4		16	0	0	0	1	

图 15-11 周期变动加入哑元数据

（4）在 H 列中，选中 H3:H18 单元格，在功能区选择"公式"选项卡，在"函数库"组中单击"插入函数"按钮，弹出"插入函数"对话框，在"或选择类别"列表中选择"统计"选项，在"选择函数"列表中选择 TREND 函数，输入图中参数，如图 15-12 所示。按住 Shift+Ctrl 键，单击"确定"按钮，完成数组公式的输入。H 列中出现的为预测值，如图 15-13 所示。

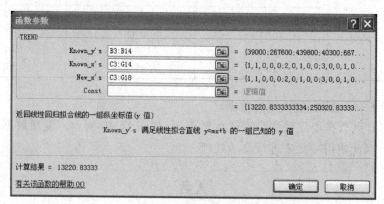

图 15-12 TREND 函数参数设置

	A	B	C	D	E	F	G	H
1	景区游客数据			哑元				
2	季度	人数	序号	第1季	第2季	第3季	第4季	预测值
3	2011.1	39000	1	1	0	0	0	13220.833
4	2011.2	267600	2	0	1	0	0	250320.83
5	2011.3	439800	3	0	0	1	0	494020.83
6	2011.4	40300	4	0	0	0	1	11454.167
7	2012.1	66700	5	1	0	0	0	60233.333
8	2012.2	307600	6	0	1	0	0	297333.33
9	2012.3	498400	7	0	0	1	0	541033.33
10	2012.4	49000	8	0	0	0	1	58466.667
11	2013.1	75000	9	1	0	0	0	107245.83
12	2013.2	316800	10	0	1	0	0	344345.83
13	2013.3	684900	11	0	0	1	0	588045.83
14	2013.4	86100	12	0	0	0	1	105479.17
15	2014.1		13	1	0	0	0	154258.33
16	2014.2		14	0	1	0	0	391358.33
17	2014.3		15	0	0	1	0	635058.33
18	2014.4		16	0	0	0	1	152491.67

图 15-13 周期变动预测结果

（5）选择观察值 B2:B14 区域与预测值 H2:H18 区域生成带直线和数据标记的散点图，如图 15-14 所示。可以发现，预测值与观察值吻合得较好，基本反映了季节波动变化。

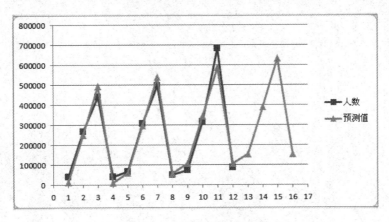

图 15-14　观察值与预测值图表